数控机床操作与编程

孙令真　詹建新 / 主　编
王艺光　叶　烁 / 副主编

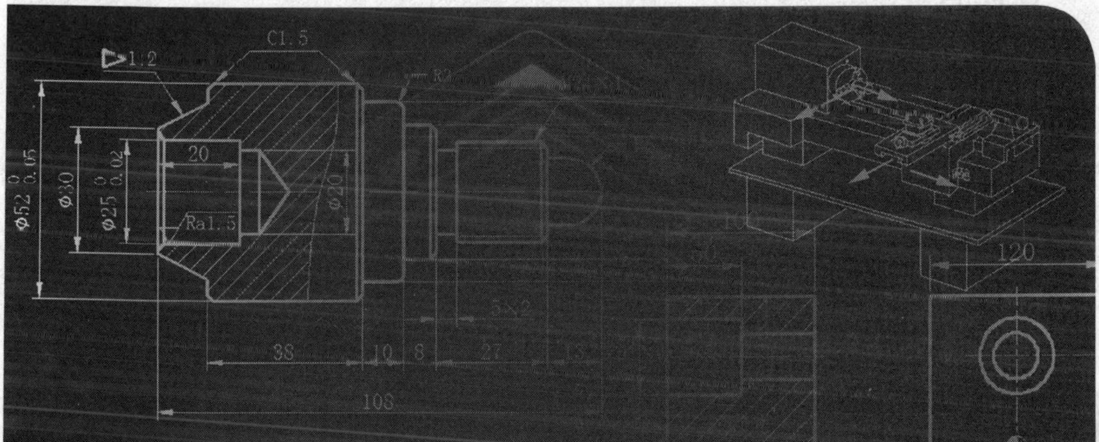

- 根据教育部数控技能型紧缺人才培养培训方案指导思想和数控专业教学计划编写
- 以FANUC系统为基础，全面、系统地讲解了数控车床、数控铣床与加工中心的基本知识
- 详细讲解数控车床、数控铣床的编程指令，中级工和高级工考证的习题，并附加工程序
- 可作为高职或中职院校数控加工专业的教材

北京希望电子出版社
Beijing Hope Electronic Press
www.bhp.com.cn

内 容 简 介

本书根据教育部数控技能型紧缺人才培养培训方案指导思想编写，全面、系统地讲解了数控车床、数控铣床与加工中心的基本知识，并以FANUC系统为基础，详细讲解了数控车床、数控铣床的编程指令。

本书主要内容包括FANUC系统的新功能、各种编程指令的综合应用，以及数控机床的基本操作，内容由浅入深，讲解循序渐进，力求简明实用。本书具有较强的针对性、可操作性和实用性，能为培养数控技术型人才提供最新的知识。

本书内容涵盖了数控车操作工和数控铣操作工的国家职业标准大部分知识点和技能点，除了讲解FANUC系统的基本指令和程序外，还着重讲解了中级工考证和高级工考证的习题，并附有加工程序，可作为数控车和数控铣中（高）级操作工考证的教材。

图书在版编目（CIP）数据

数控机床操作与编程 / 孙令真, 詹建新主编. -- 北京 : 北京希望电子出版社, 2020.8

ISBN 978-7-83002-774-2

Ⅰ. ①数… Ⅱ. ①孙… ②詹… Ⅲ. ①数控机床－操作②数控机床－程序设计 Ⅳ. ①TG659

中国版本图书馆 CIP 数据核字(2020)第 126878 号

出版：北京希望电子出版社
地址：北京市海淀区中关村大街 22 号
中科大厦 A 座 10 层
邮编：100190
网址：www.bhp.com.cn
电话：010-82620818（总机）转发行部
010-82626237（邮购）
传真：010-62543892
经销：各地新华书店

封面：深度文化
编辑：李　萌
校对：龙景楠
开本：787mm×1092mm　1/16
印张：14
字数：332 字
印刷：北京昌联印刷有限公司
版次：2020 年 8 月 1 版 1 次印刷

定价：　49.80 元

前言

目前，国家大力提倡工匠精神，要求全面提升就业工人的专业技能，辅导就业工人参加中（高）级技能认定，这也是劳动技能教育的重中之重。本书根据数控铣工和数控车工国家职业技能标准和数控竞赛的纲要，结合职业（技师）院校教育的实际教学环境和教学特点编写，使学生能够全面掌握数控类中（高）级操作工应具备的操机技能和软件编程的应用能力，培养既能熟练操作数控机床，又能熟练编制数控加工程序，而且熟练掌握各类零件的加工工艺的高技能数控人才。

本书以编程为主导，在分析加工工艺的基础上结合多种实例，重点讲述了对常见工业产品按不同类型进行数控加工的操作方法和编程思路。通过精心挑选的典型案例，以指令+图例+实例+练习的学习方式逐步深入地学习编程指令，对数控加工工艺的编程做了详细的阐述。

本书内容包括数控机床简介，FANUC 数控系统操作，数控铣床操作与编程，数控车床操作与编程，数控加工工艺，典型零件数控加工工艺分析及编程操作、数控车床中级考证实例、数控车床高级考证实例等。

本书适合作为高职或中职层次数控加工专业的教材，同时也适合成人教育、企业培训，以及技术人员自学时参考。

本书共分为 16 个实例，其中项目 2 ～项目 8 为广州华立科技职业学院孙令真老师编写，项目 1、项目 9、项目 12、项目 13 由桂林电子科技大学北海校区王艺光老师编写，项目 10、项目 11、项目 14 由广东工业大学华立学院机电工程学院叶烁老师编写，项目 15 和项目 16 由广东省华立技师学院詹建新老师编写。

本书中的切削参数仅供读者参考，不同的读者可以根据各自学校机床的实际性能，对本书中所涉及的切削量、进给速率、主轴转速、背吃刀量等参数进行适当修正。

由于编者水平有限，书中疏漏之处在所难免，敬请读者批评指正。请将宝贵意见和建议通过QQ（648770340）与编者联系。

编　者

2020年3月

目录

项目 1 数控机床的基本知识

学习目标

- 了解数控机床的起源与发展
- 了解数控机床的分类
- 了解数控机床的组成
- 了解加工中心的分类
- 了解数控机床控制系统

1.1 机床的起源与发展

现代机床起源于古代车床。早在一两千年以前，人们发明了古代车床，那时的车床全部是用木头做成的，全凭手工操作。结构大致是把所要车的工件装在两个木架上面，然后把绳子缠绕在工件上，再通过人力拉动绳子，使工件转动起来，这时再用拿着刀具或刮刀进行加工。后来，虽然车床又进一步发展，一些重要部件改由金属制作，但切削的刀具仍然是用手拿着。古代车床的致命弱点是加工的部件精确度极差，生产效率非常低。

现代车床的研制者是 18 世纪末叶的英国人约瑟夫·布拉默和莫兹利。那时，布拉默雇用了许多工人，使用传统的手工工具如锤子、凿子、锯子、锉刀等，生产倒转锁的零件，过了一个阶段，布拉默对这种生产效率低下、精确度太差的生产方式十分不满意。他和他的助手莫兹利商量，决定使用机械工具来协助这种原始的手工工具进行操作，这样一来，生产效率和精确度都有不同程度地提高。莫兹利从这项改革中得到启发，从 1794 年开始，前后共用了 16 年的时间，终于把旧式车床改造成了一种精密的工具机，从此，利用车床能生产精密的圆柱体和螺丝。

最早的铣床是美国人惠特尼于 1818 年发明的卧式铣床；为了能铣削麻花钻头的螺旋槽，美国人布朗于 1862 年发明了万能铣床，这是升降台铣床的锥形；1884 年前后，又出现了龙门铣床；20 世纪 20 年代出现了半自动铣床。

在第二次世界大战时期，由于战场上武器消耗非常大，交战双方需要大批量、高精度的武器装备，普通机床已不适合战争的需要，迫切需要自动化程度较高的机器设备生产武器弹药，因此数控机床设备被提上日程。

1946 年世界上第一台电子计算机诞生，1948 年，美国帕森斯公司接受美国空军委托，研制直升飞机螺旋桨叶片轮廓检验用样板的加工设备。由于样板形状复杂多样，精度要求高，一般加工设备难以适应，于是提出采用数字脉冲控制机床的设想。1949年，该公司与美国麻省理工学院（MIT）开始共同研究，并于1952年在一台立式铣床的基础上安装了一套试验性的数控系统，成功地实现了同时控制三轴的运动，这台数控机床被人们称为世界上第一台数控机床，该机床是一台试验性机床，如图1-1所示。

图1-1　第一台数控机床

1954年11月，美国本迪克斯公司（Bendix-Cooperation）成功开发第一台工业用的数控机床。从1960年开始，其他一些工业国家，如德国、日本都陆续开发、生产及使用了数控机床，从此，传统机床产生了性质上的变化。

到了1960年以后，点位控制的数控机床得到了迅速的发展，因为点位控制的数控系统比起轮廓控制的数控系统要简单得多。因此，数控铣床、冲床、坐标镗床大量发展，据统计资料表明，到1966年实际使用的约6000台数控机床中，85%是点位控制的机床。

数控机床中最初出现并获得使用的是数控铣床，因为数控机床能够解决普通机床难于胜任的、需要进行轮廓加工的曲线或曲面零件。

然而，由于当时的数控系统采用的是电子管，具有体积庞大、功耗高的缺点，因此除了在军事部门使用外，在其他行业没有得到推广使用。

20 世纪中期，随着电子技术的发展，自动化信息处理、数据处理以及电子计算机的出现，给自动化技术带来了新的概念，用数字化信号对机床运动及其加工过程进行控制，推动了数控机床的发展。

1.2 数控机床的分类

1.2.1 按用途分类

根据数控机床的用途，主要分为以下几种类型。

1. 数控铣床

用于完成铣削加工的数控设备，称为数控铣床，数控铣床可以分为以下 3 种类型。

1）立式数控铣床

立式数控铣床的主轴轴线垂直于水平面，是数控铣床中最常见的一种机床，应用范围最广泛，一般用于中型数控铣床。立式数控铣床的结构如图 1-2 所示。

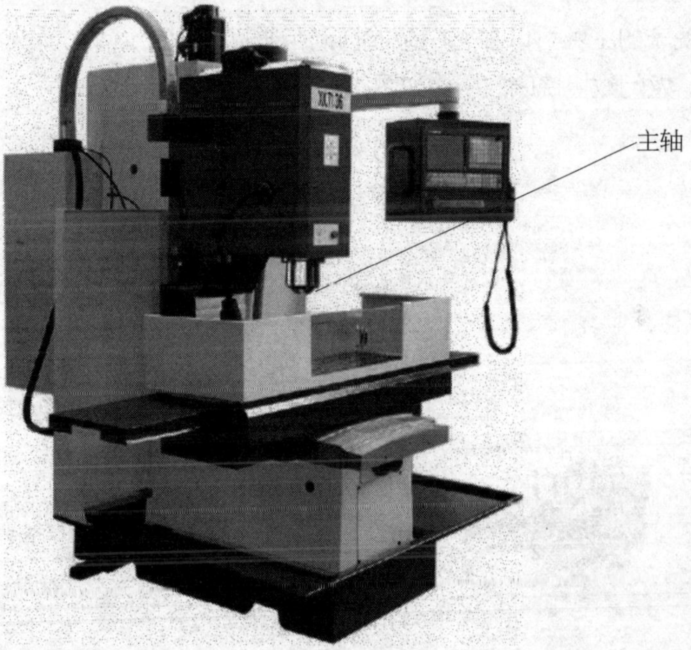

图1-2 立式数控铣床

2）卧式数控铣床

卧式数控铣床与通用卧式铣床相同，如图 1-3 所示，其主轴轴线平行于水平面，一般用在中型数控铣床中。

图1-3　卧式铣床

3）龙门数控铣床

龙门数控铣床的主轴可以在龙门架的横向与垂向溜板上运动，而龙门架可以沿床身作纵向运动。龙门数控铣床的结构如图 1-4 所示。

图1-4　龙门数控铣床

2. 加工中心

加工中心是一种带有自动换刀装置的数控铣床，于 1959 年 3 月，由美国卡耐 & 特雷克公司开发成功。这种机床的刀库中装有各种不同类型的刀具，根据指令自动选择刀具，并通过机械手将刀具装在主轴上，然后对工件进行加工。它可缩短机床上零件的装卸时间和更换刀具的时间，加工中心现在已经成为数控机床中一种非常重要的品种。不仅有立式、卧式等用于箱体零件加工的镗铣类加工中心，还有用于回转体零件加工的车削中心、磨削中心等，其中立式加工中心的结构如图 1-5 所示。

图1-5　立式加工中心

3. 数控车床

数控车床、车削中心，主要用来加工零件旋转表面的设备，是一种高精度、高效率的自动化机床。配备有多工位刀塔或动力刀塔，具有广泛的加工工艺性能，可加工直线圆柱、斜线圆柱、圆弧和各种螺纹、槽、蜗杆等复杂工件。数控车床的结构如图 1-6 所示。

图1-6　数控车床结构图

4. 数控钻床

数控钻床是一种采用点位控制的数控机床，即控制刀具从一点到另一点的直线移动，而不是控制刀具移动的曲线轨迹，主要用于钻孔、扩孔、铰孔、攻丝等加工，在汽车、机车、造船、航空航天、工程机械行业，常用于超长型叠板，对纵梁、结构钢、管型件等多孔系各类大型零件的钻孔加工。数控钻床的结构如图 1-7 所示。

图1-7　数控钻床

5. 数控磨床

数控磨床是利用磨具对工件表面进行磨削加工的机床。大多数的磨床是使用高速旋转的砂轮进行磨削加工，少数的是使用油石、砂带等其他磨具和游离磨料进行加工，如珩磨机、超精加工机床、砂带磨床、研磨机和抛光机等。数控磨床又包括数控平面磨床、数控无心磨床、数控内外圆磨床、数控立式万能磨床、数控坐标磨床、数控成型磨床等。数控磨床的结构如图 1-8 所示。

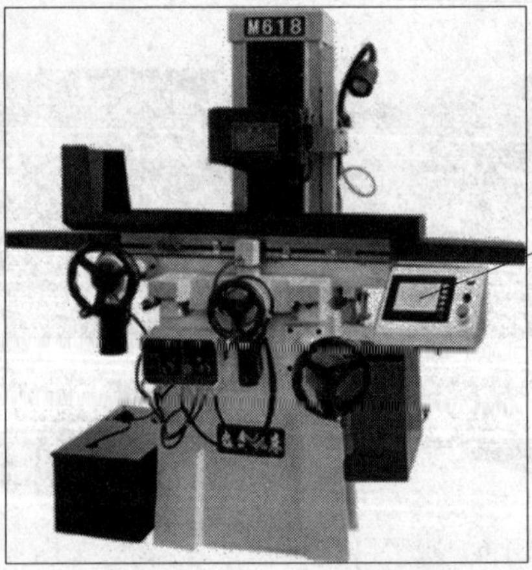

图1-8　数控磨床

6. 数控电火花机

数控火花机，也可叫三轴三联动的火花机，是靠计算机 CNC 程序控制的全自动全数控火花机床，是我国产业升级的必备工业装备机床。它采用紫铜、石墨、钢、铜钨合金等电极材料，能对碳素钢、工具钢、合金钢、淬火钢、硬质合金及其他高硬度金属材料进行放电加工。数控电火花机的结构如图 1-9 所示。

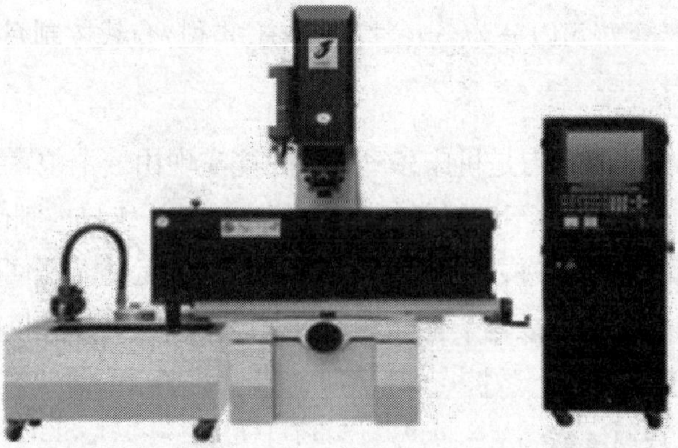

图1-9　数控电火花机结构

7. 数控线切割机

电火花线切割加工简称“线切割”，它是采用电极丝(钼丝、钨钼丝等)作为工具电极，在脉冲电源的作用下，电极丝和加工工件之间形成火花放电，火花通道瞬间产生大量的热，使工件表面熔化甚至汽化。线切割机床通过 XY 托板和 UV 托板的运动，使电极丝沿着与预定的轨迹运动，从而达到加工工件的目的。线切割机床的结构如图 1-10 所示。

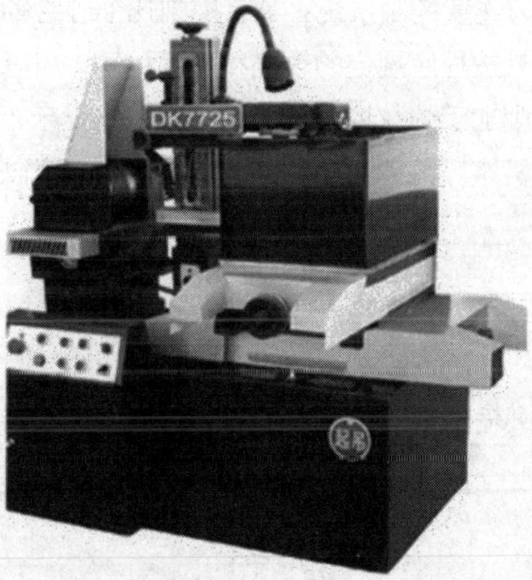

图1-10　线切割机床

8. 其他数控机床

数控机床除了上述几种常见的类型外，还有数控刨床、数控冲床、数控焊接机床、数控激光加工机床、数控超声波机床等。

1.2.2 按数控系统分类

数控机床按数控系统可以分为：点位控制系统、点位/直线控制系统、轮廓控制系统。

1. 点位控制系统

点位控制数控机床的特点是机床移动部件只能实现由一个位置到另一个位置的精确定位，在移动和定位过程中不进行任何加工。机床数控系统只控制行程终点的坐标值，不控制点与点之间的运动轨迹，因此几个坐标轴之间的运动无任何联系。可以几个坐标同时向目标点运动，也可以各个坐标单独依次运动。这类数控机床主要有数控坐标镗床、数控钻床、数控冲床、数控点焊机等。

2. 点位/直线控制系统

点位/直线控制系统不但要控制刀具（或工作台）沿坐标轴方向运动，而且还要对工件进行切削加工。在加工过程中，不但要控制切削进给的速度，还要控制运动的终点。可见，点位/直线控制系统也具有点位控制的功能。换句话讲，如果一个点位控制系统除了快速定位外，增加对坐标方向运动速度的控制能力，使之适应切削加工的要求，它就有了控制直线切削的能力，可称为点位/直线切削控制系统。数控镗铣床、数控刨床多采用点位/直线控制系统。

3. 轮廓控制系统

轮廓控制系统也称为连续控制系统：具有控制几个进给轴同时谐调运动（坐标联动），使工件相对于刀具按程序规定的轨迹和速度运动，可以加工复杂轮廓曲线，在运动过程中进行连续切削加工的数控系统。常用的数控车床、数控铣床、数控磨床就是典型的轮廓控制数控机床。数控火焰切割机、电火花机床以及数控绘图机等也采用了轮廓控制系统。

1.3 数控机床的组成

数控机床一般由输入输出装置、数控装置、可编程控制器、伺服系统、检测反馈装置和机床主体等组成。

1. 输入输出装置

输入装置可将不同加工信息传递给数控机床的控制器。在早期的数控机床，输入装置为穿孔纸带，现已淘汰，目前，使用计算机、键盘、磁盘等，大大方便了信息输入工作。

输出装置可将控制器内部参数（含机床正常、理想工作状态下的原始参数，故障诊断参数等）输出到计算机、磁盘等设备。一般在机床刚处于工作状态时需输出这些参数做记录保存，待工作一段时间后，再将输出与原始资料作比较、对照，可帮助判断机床工作是否维持正常。

2. 数控装置

数控装置是数控机床的核心与主导，完成所有加工数据的处理、计算工作，最终实现数控机床各功能的指挥工作。它包含微计算机的电路、各种接口电路、CRT显示器、控制面板等硬件及相应的软件。

3. 可编程逻辑控制器

实现对主轴单元的控制，将程序中的转速指令进行处理而控制主轴转速；管理刀库，进行自动刀具交换、选刀方式、刀具累计使用次数、刀具剩余寿命及刀具刃磨次数等管理；控制主轴正反转和停止、准停、切削液开关、卡盘夹紧松开、机械手取送刀等动作；还对机床外部开关（行程开关、压力开关、温控开关等）进行控制；对输出信号（刀库、机械手、回转工作台等）进行控制。

4. 伺服系统

伺服系统又称随动系统，是用来精确地跟踪或重现某个过程的反馈控制系统。伺服系统是使目标物体的位置、方位、状态等能够跟随输入指令（或给定值）而任意变化的自动控制系统。它的主要任务是按控制命令的要求，对功率进行放大、变换与调控等处理，使驱动装置输出的力矩、速度和位置控制非常灵活方便。

伺服系统主要由触摸屏、可编程逻辑控制器、伺服驱动系统、永磁同步伺服电机组成，其中伺服电机是运动的执行机构，对其进行位置、速度和电流三环控制，从而达到用户的功能要求。

可编程逻辑控制器根据人机界面的操作，向伺服驱动系统发出指令；伺服驱动系统收到指令后，将其变换、放大，并转化为机床工作台（或刀具）位移的脉冲信号，并传给伺服电机；伺服电机收到脉冲信号后，内部的转子（材料是永磁铁）在电磁场的作用下开始转动，同时电机自带的检测传感器将电机的运行状态编译成信号反馈给伺服驱动系统；伺服驱动系统根据反馈信号与脉冲信号进行比较，及时调整转子转动的角度和速度。如图 1-11 所示。

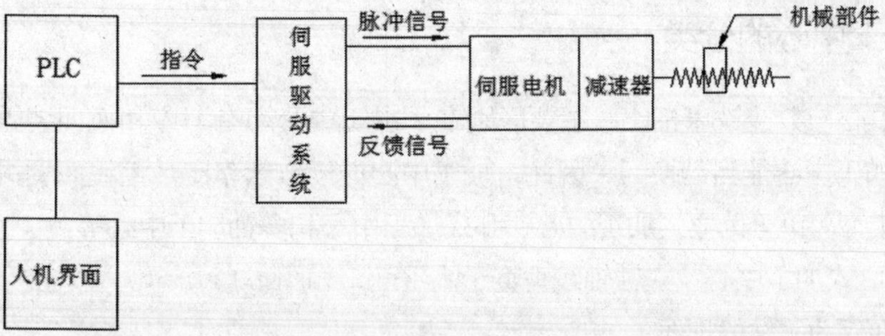

图1-11 伺服系统结构示意图

5. 检测反馈装置

由检测元件和相应的电路组成，主要是检测速度和位移，并将信息反馈于数控装置，实现闭环控制以保证数控机床加工精度。

6. 机床主机

数控机床的主体，包括床身、主轴、进给传动机构等机械部件。数控机床种类很多，但结构基本上大同小异，其中 XK5040A 型数控铣床结构如图 1-12 所示。

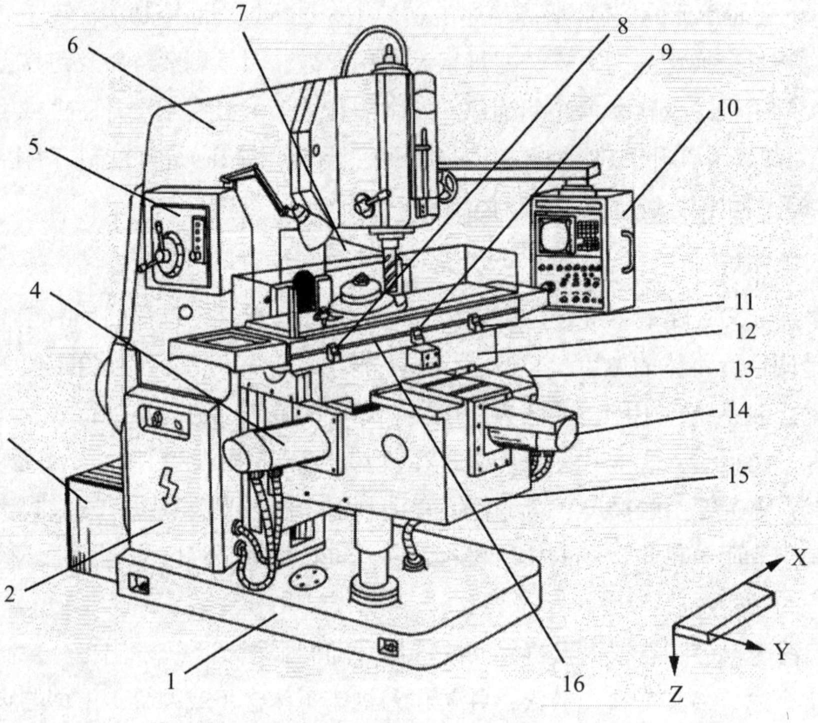

1—底座；2—强电柜；3—变压器；4—伺服电动机；5—主轴变速手柄和按钮板；6—床身；7—数控柜；8，11—行程保护开关；9—挡板；10—操纵台；12—横向溜板；13—纵向进给伺服电机；14—横向进给伺服电机；15—升降台，16—纵向工作台。

图1-12　XK5040A型数控铣床结构图

1.4　加工中心的分类

加工中心与数控铣床相比，主要区别在于加工中心配有刀库和换刀装置，在加工过程中，加工中心能自动换刀，因此，加工中心的工作效率比数控铣床要高很多。加工中心的类型可以分为立式加工中心、卧式加工中心和多轴加工中心等。

（1）立式加工中心：主轴轴线垂直于水平面，如图 1-13 所示。立式加工中心最有效的加工面仅为工件的顶面。

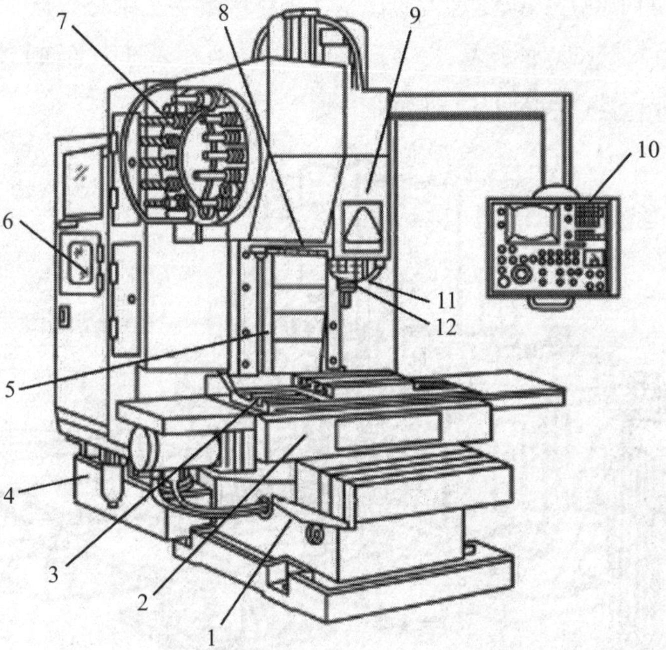

1—床身；2—滑座；3—工作台；4—润滑油箱；5—立柱；6—数控柜；7—刀库；8—机械手；9—主轴箱；10—操作面板；11—控制柜；12—主轴。

图1-13 立式加工中心

（2）卧式加工中心：主轴轴线平行于水平面，如图 1-14 所示。卧式加工中心借助回转工作台，能完成工件的四面加工。

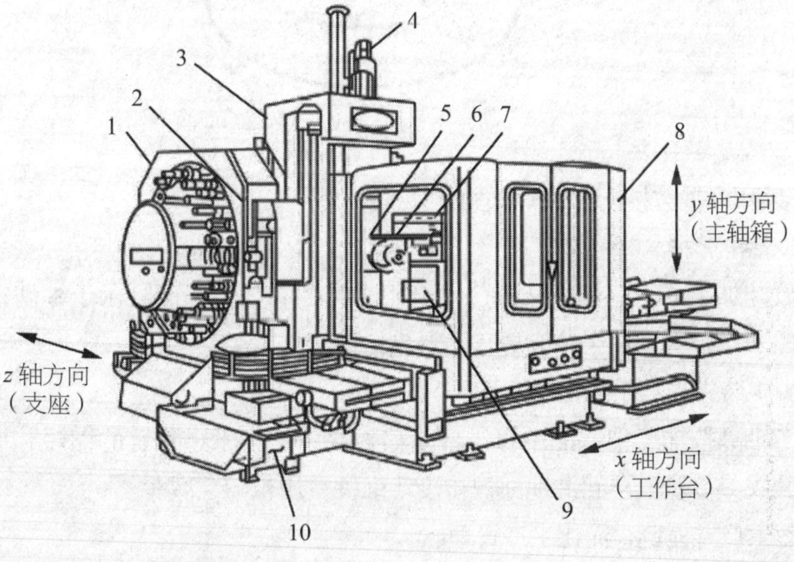

1—刀库；2—换刀装置；3—支座；4—Y轴伺服电机；5—主轴箱；6—主轴；7—数控装置；8—防溅挡板；9—回转工作台；10—切屑槽。

图1-14 卧式加工中心

（3）多轴加工中心：准确地说应该是多坐标联动加工中心。当前大多数数控加工设备可以实现五轴联动，除了 X、Y、Z 三轴以外，还有在 X 轴或 Y 轴上安装一个旋转轴，主轴安装一个旋转轴，如图 1-15 所示。

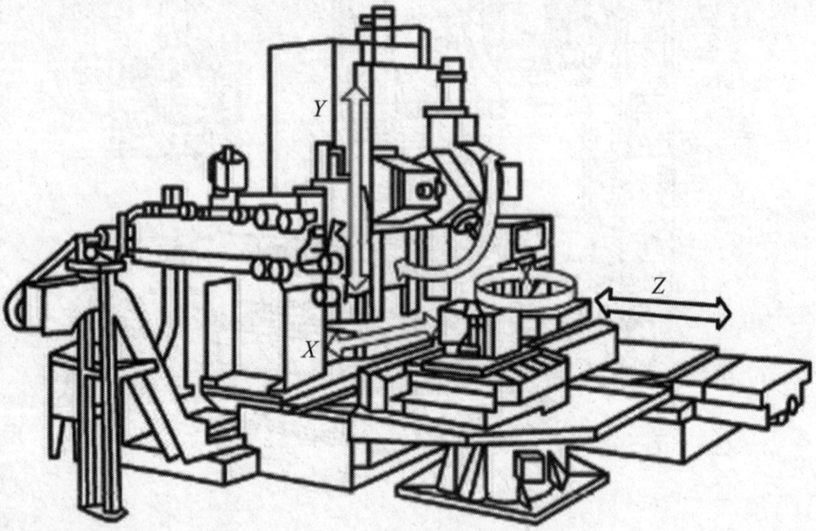

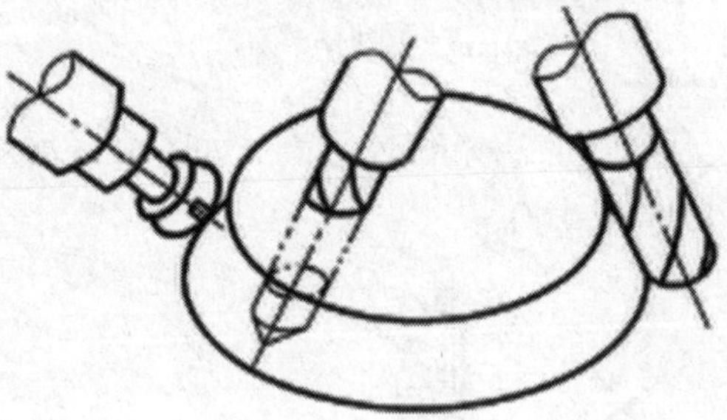

图1-15　多轴加工中心

（4）采用多轴数控加工，具有如下几个特点。

①减少基准转换，提高加工精度。

多轴数控加工的工序集成化不仅提高了工艺的有效性，而且由于零件在整个加工过程中只需一次装夹，加工精度更容易得到保证。

②减少工装夹具数量和占地面积。

尽管多轴数控加工中心的单台设备价格较高，但由于过程链的缩短和设备数量的减少，工装夹具数量、车间占地面积和设备维护费用也随之减少。

③缩短生产过程链，简化生产管理。

多轴数控机床的完整加工大大缩短了生产过程链，而且由于只把加工任务交给一个工作岗位，不仅使生产管理和计划调度简化，而且透明度明显提高。工件越复杂，它相对传统工序分散的生产方法的优势就越明显。同时由于生产过程链的缩短，在制品数量必然减少，可以简化生产管理，从而降低生产运作和管理的成本。

④缩短新产品研发周期。

对于航空航天、汽车等领域的企业，有的新产品零件及成型模具形状很复杂，精度要求也很高，因此具备高柔性、高精度、高集成性和完整加工能力的多轴数控加工中心可以很好地解决新产品研发过程中复杂零件加工的精度和周期问题，大大缩短研发周期和提高新产品的成功率。

1.5　数控机床控制系统介绍

数控机床控制系统有很多种，国外主要有日本法兰克数控系统、德国西门子数控系统、日本三菱数控系统，国内主要有华中数控系统和广州数控系统等。

1. *法兰克数控系统*

日本法兰克数控系统在我国应用很广，应用于铣床（加工中心）的数控系统主要有 FANUC 2li-MA/MB/MC、FANUC l8i-MA/MB/MC、FANUC 0i-MA/MB/MC/MD、FANUC 0-MD 等，其中 FANUC 0i-MD 数控系统操作面板如图 1-16 所示。

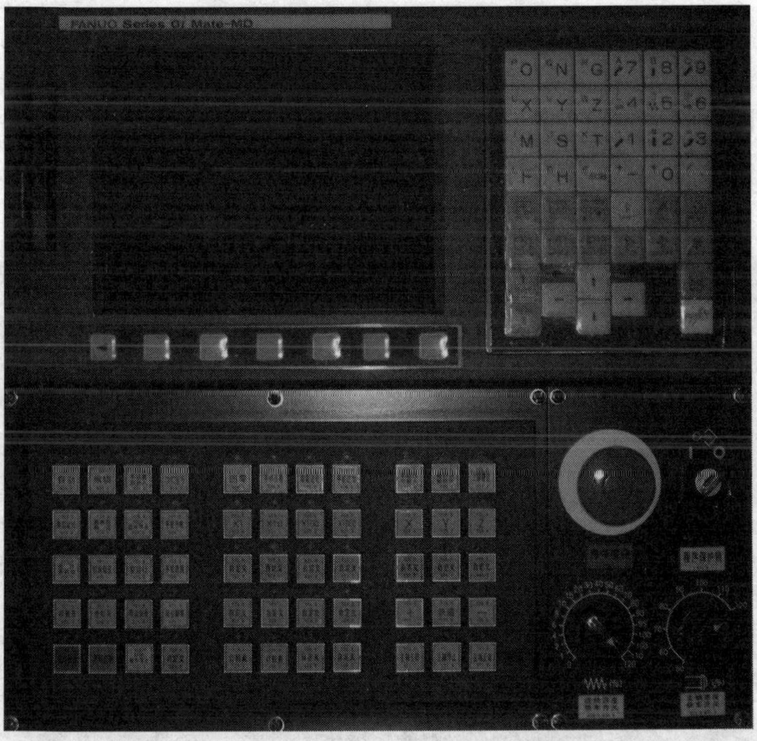

图1-16　FANUC 0i-MD数控系统操作面板

2. 西门子数控系统

西门子数控系统由德国西门子公司开发，在我国应用非常普遍，SIEMENS 公司 CNC 装置主要有 SIEMENS 3/8/810/820/850/880/805/802/840 系列，其中 SIEMENS 840d 数控操作面板如图 1-17 所示。

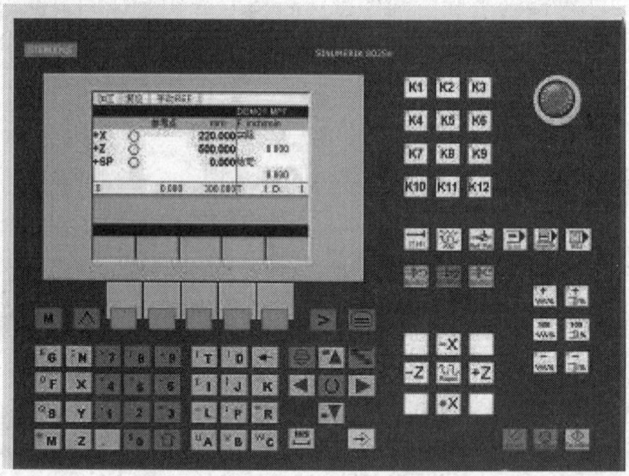

图1-17　SIEMENS 840d数控操作面板

3. 三菱数控系统

三菱数控系统由日本三菱公司开发，工业中常用的三菱数控系统有：M700V、M70V、M70、M60S、E68、E60、C6、C64、C70。其中 M700V 系列属于高端产品，完全纳米控制系统，高精度高品位加工，支持 5 轴联动，可加工复杂表面形状的工件。三菱数控系统操作面板如图 1-18 所示。

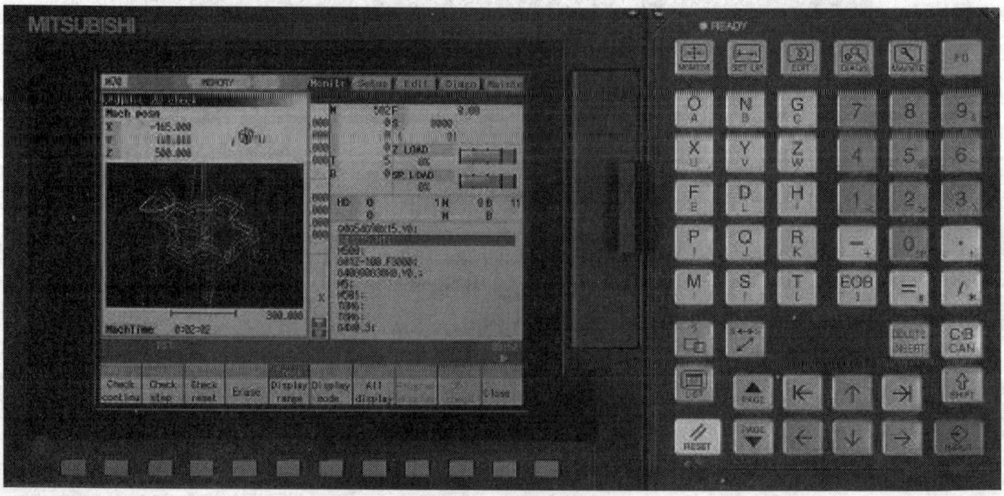

图1-18　三菱数控系统操作面板

4. 华中数控

华中数控是具有自主知识产权的数控装置，形成了高、中、低三个档次的系列产品，研制了华中 8 型系列高档数控系统新产品，已有数十台套与列入国家重大专项的高档数控机床配套应用；具有自主知识产权的伺服驱动，主轴驱动装置性能指标达到国际先进水平。

HNC-848 数控装置品是全数字总线式高档数控装置，瞄准国外高档数控系统，采用双 CPU 模块的上下位机结构，模块化、开放式体系结构，基于具有自主知识产权的 NCUC 工业现场总线技术。具有多通道控制技术、5 轴加工、高速高精度、车铣复合、同步控制等高档数控系统的功能，采用 15 in 液晶显示屏。主要应用于高速、高精、多轴、多通道的立式、卧式加工中心，车铣复合，5 轴龙门机床等。华中 8 型数控系统控制面板如图 1-19 所示。

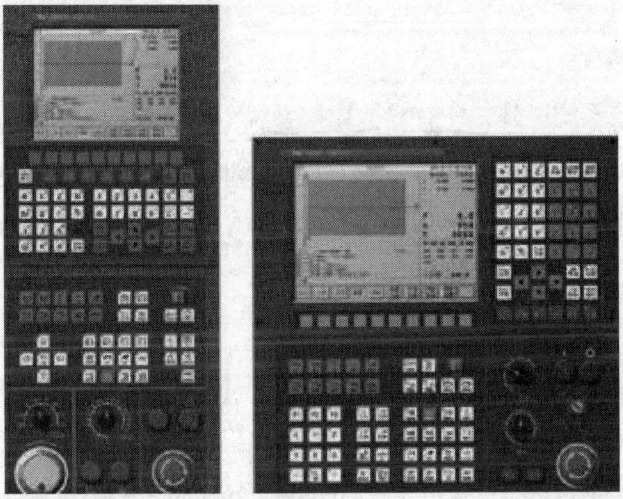

图1-19　华中8型全数字总线式数控系统控制面板

5. 广州数控

广州数控是广东省 20 家重点装备制造企业之一，国家 863 重点项目“中档数控系统产业化支撑技术”承担企业。主营业务有：数控系统、伺服驱动、伺服电机研发生产，数控机床连锁营销，机床数控化工程，工业机器人、精密数控注塑机研制等。

广州数控拥有车床数控系统，钻、铣床数控系统，加工中心数控系统，磨床数控系统等多领域的数控系统。其中，GSK27 系统采用多处理器实现 nm 级控制；人性化人机交互界面，菜单可配置，根据人体工程学设计，更符合操作人员的加工习惯；采用开放式软件平台，可以轻松与第三方软件连接；高性能硬件支持最大 8 通道，64 轴控制。广州数控 GSK27 数控系统控制面板如图 1-20 所示。

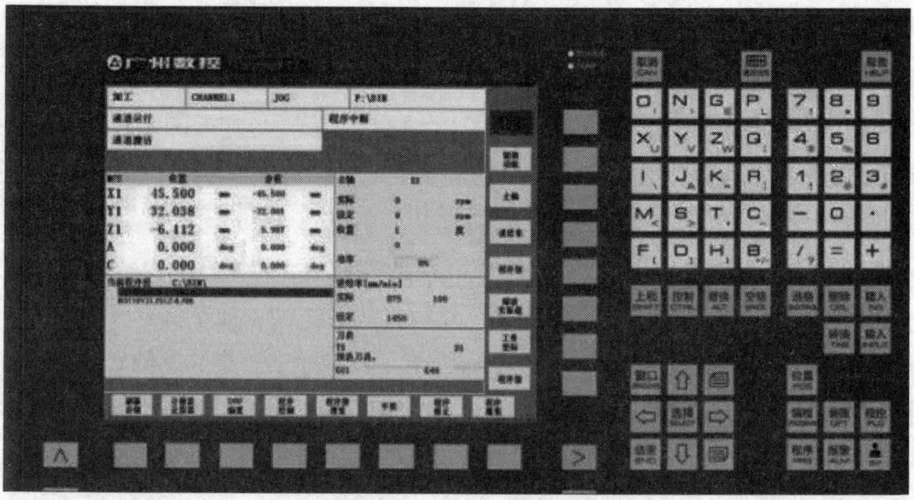

图1-20　广州数控GSK27数控系统

6. 其他数控系统

除了上述数控系统以外，还有其他数控系统，比如德国海德汉数控系统、德国力士乐数控系统、法国NUM数控系统、西班牙FAGOR数控系统、日本MAZAK数控系统、美国哈斯（HAAS VF）数控系统等。

1.6　数控加工的优点

数控加工与传统机床加工相比，有许多优点。

1. 加工精度高，质量稳定

数控机床的加工精度，一般可达到0.005 ~ 0.1mm。数控机床是按数字信号形式控制的，数控装置每输出一个脉冲信号，则机床移动部件移动一个脉冲当量（一般为0.001mm），而且机床进给传动链的反向间隙与丝杠螺距平均误差可由数控装置进行补偿，因此，数控机床定位精度比较高。

2. 加工效率高

数控机床可有效地减少零件的加工时间和辅助时间，数控机床的主轴转速和进给量的范围大，允许机床进行大切削量的强力切削，数控机床移动部件的快速移动和定位及高速切削加工，减少了半成品的工序间周转时间，提高了生产效率。

3. 减轻劳动强度

数控机床加工前经调整好后，输入程序并启动，机床就能自动连续地加工，直至加工结束。操作者主要完成程序的输入、编辑、装卸零件、刀具准备、加工状态的观测、零件的检验等工作，劳动强度极大降低，机床操作者的劳动趋于智力型工作。另外，机床一般是封闭式加工，既清洁，又安全。

4. 减少工装数量

加工形状复杂的零件不需要复杂的工装。例如要改变零件的形状和尺寸，然后需要修改零件加工程序，适用于新产品研制和改型。

5. 可以加工复杂曲面

可加工普通机床难于加工的复杂型面，甚至能加工一些无法观测的加工部位。数控加工的缺点是机床设备费用昂贵，要求维修人员具有较高水平。

6. 利于生产管理现代化

数控机床加工，可预先精确估计加工时间，所使用的刀具、夹具可进行规范化、现代化管理。数控机床使用数字信号与标准代码作为控制信息，易于实现加工信息的标准化，目前已与计算机辅助设计与制造（CAD/CAM）有机地结合起来，是现代集成制造技术的基础。

项目2 数控铣床编程基础

学习目标

- 了解数控机床开环、闭环和半闭环的原理
- 了解数控机床坐标系的分类
- 了解数控编程的一些常用术语

2.1 开环和闭环

数控系统有三种基本控制方式：开环控制、闭环控制和半闭环控制，其中闭环控制是数控系统最基本的控制方式，且应用广泛。

1. 开环控制

开环控制系统没有反馈装置。当控制装置向执行元件发出指令后，执行元件就一直按照命令执行，在执行过程中没有反馈，无法判断执行命令是否正确和偏差的大小，不利于系统的稳定。例如投篮，双手将篮球投出后，就无法再继续对篮球进行控制，篮球在运行过程中，也不会将运行状态反馈给双手。在这个例子里，手是控制装置，篮球是执行元件。

2. 闭环控制

闭环控制系统有反馈装置。当控制装置向执行元件发出指令脉冲后，执行元件在按照命令执行的同时，检测元件对执行元件的状况进行实时检测，并将检测结果反馈到数控装置的比较器中与指令信号进行比较；若两者存在差值，再控制伺服驱动电动机转动，对执行元件进行调整，直至差值为零时，这种系统称为闭环伺服系统。

3. 半闭环控制

半闭环控制系统是在开环控制系统的伺服机构中装有角位移检测装置，通过检测伺服机构的滚珠丝杠转角，间接检测移动部件的位移，然后反馈到数控装置的比较器中，与输入原指令位移值进行比较，用比较后的差值进行控制，使移动部件补充位移，直到差值消除为止的控制系统。由于半闭环控制系统将移动部件的传动丝杠螺母不包括在环内，所以传动丝杠螺母机构的误差仍会影响移动部件的位移精度。由于半闭环控制系统调试维修方便，稳定性好，目前应用比较广泛。半闭环控制系统的伺服机构所能达到的精度、速度和动态特性优于开环伺服机构，为大多数中小型数控机床所采用。

数控系统中，开环、闭环和半闭环的区别在于伺服系统的控制原理不同。开环控制的数控机床的速度和精度都较低，其结构简单，成本较低，调试维修方便；闭环控制的数控机床的定位精度高，速度调节快，但工作台惯性大，系统的稳定性不易控制；半闭环控制的数控机床的加工精度和速度较好，系统调节比闭环系统方便，稳定性好，成本比闭环系统低。

2.2 坐标系

根据 ISO-841 标准，数控机床坐标系三个轴的正方向用右手笛卡儿法则确定，即把右手伸出来，先伸开四指，四指先指向 x 的方向，然后自然弯曲 90°，如果此时四指刚好指向 y 的正方向，那么大拇指的指向就是 z 的正方向，如图 2-1 所示。

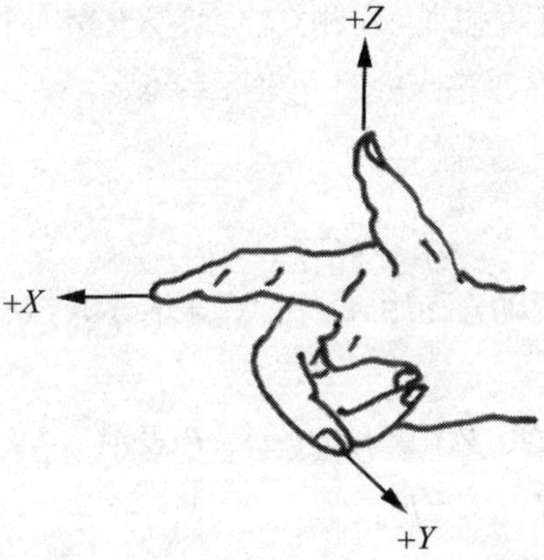

图2-1 右手笛卡儿法则

数控机床的坐标系分为机床坐标系和工件坐标系（编程坐标系）。

2.2.1 机床坐标系

在三轴数控铣床中，平行于主轴方向的轴为 Z 轴，水平方向的轴为 X 轴，纵向方向的轴为 Y 轴。机床坐标系是以机床原点 O 为坐标系原点并遵循右手笛卡尔直角坐标系建立的由 X、Y、Z 轴组成的直角坐标系。机床坐标系是用来确定工件坐标系的基本坐标系，是机床上固有的坐标系，并设有固定的坐标原点。

1. 机床坐标系的确定原则

（1）遵循右手笛卡儿直角坐标系。

（2）永远假设工件是静止的，刀具相对于工件运动。

（3）在归零时，刀具远离工件的方向为正方向。

2. 机床坐标系中坐标轴的确定方法

1）先确定 Z 轴

（1）传递主要切削力的主轴为 Z 轴。

（2）若没有主轴，则 Z 轴垂直于工件装夹面，如车床。

（3）若有多个主轴，选择一个垂直于工件装夹面的主轴为 Z 轴。

2）再确定 X 轴（X 轴始终水平，且平行于工件装夹面）

（1）没有回转刀具和回转工件，X 轴平行于主要切削方向，如牛头刨床。

（2）有回转工件的，X 轴是径向的，且平行于横滑座，如车床、磨床。

（3）有回转刀具的，X 轴的方向分为以下三类：

①对于卧式机床，由刀具主轴向工件看，X 轴水平向右。

②对于立式机术，由刀具主轴向立柱看，X 轴水平向右。

③对于龙门机床，由刀具主轴向左侧立柱看，X 轴水平向右。

3）最后确定 Y 轴，按右手笛卡儿直角坐标系确定。

3. 旋转运动及附加轴

1）旋转运动

绕 X、Y、Z 轴的旋转运动分别用 A、B、C 来表示，按右手螺旋定则确定正方向。

2）附加轴

（1）附加轴的移动用 U、V、W 和 P、Q、R 表示。

（2）附加轴的旋转用 D、E、F 表示。

4. 工件的运动

工件运动的正方向相对于与刀具运动的正方向正好相反，分别用 $+X'$、$+Y'$、$+Z'$ 表示。

5. 常见数控机床的坐标系

（1）立式铣床的坐标系如图 2-2 所示，卧式铣床的坐标系如图 2-3 所示。

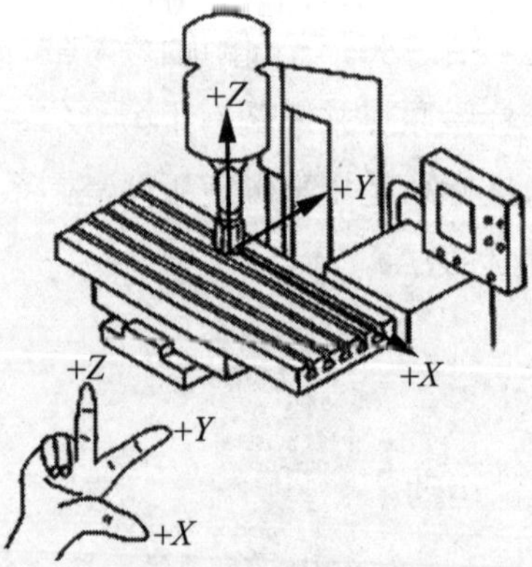

图2-2　立式铣床的坐标系

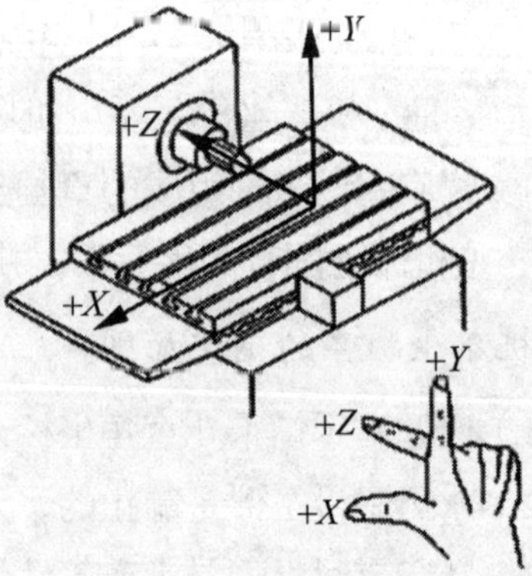

图2-3　卧式铣床坐标系

（2）数控车床的坐标系如图 2-4 所示。

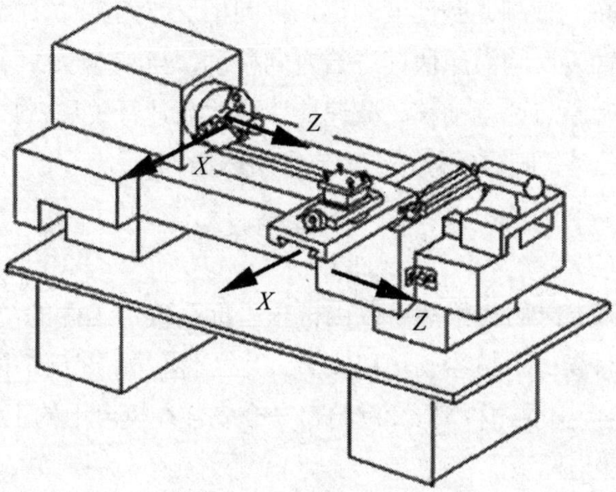

图2-4 数控车床坐标系

2.2.2 机床坐标原点

1. 机床原点

是指机床坐标系的原点，它是机床上的一个固定点。数控机床的种类、型号不同，其机床原点也不同，通常机床原点设在机床 X、Y、Z 三根轴正方向的运动极限位置。它不仅是在机床上建立工件坐标系的基准点，而且还是机床调试和加工时的基准点。机床原点的位置一般在数控机床出厂时由厂家设定，但机床维修工作人员可以进行调整。

2. 回机床原点的原理

回机床原点时，先选择回原点的轴（比如 X 或 Y 或 Z 轴），然后在操作面板上按下回零按钮，然后机床自动回原点。

不同的机床，在回机床原点的原理略有不同，但基本是以下三种类型：

（1）回原点的轴先以参数设置的快速进给速度向原点方向移动，当原点减速撞块压下原点减速开关时，伺服电机减速至由参数设置的原点接近速度继续向前移动，当减速撞块释放原点减速开关后，数控系统检测到编码器发出的第一个栅点或零标志信号时，归零轴停止，此停止点即为机床原点。

（2）回原点的轴先以快速进给速度向原点方向移动，当原点减速开关被减速撞块压下时，回原点轴制动到速度为零，再以接近原点速度向相反方向移动，当减速撞块释放原点接近开关后，数控系统检测到检测反馈元件发出的第一个栅点或零标志信号时，回零轴停止，该点即机床原点。

（3）回原点的轴先以快速进给的速度向原点方向移动，当原点减速撞块压下原点减速开关时，回归原点轴制动到速度为零，再向相反方向微动，当减速撞块释放原点减速开关时，归零轴又反向沿原快速进给方向移动，当减速撞块再次压下原点减速开关时，归零轴以接近原点速度前移，减速撞块释放减速开关后，数控系统检测到第一个栅点或零标志信号时，归零轴停止，该点即机床原点。

2.2.3 工件坐标系

工件装夹在机床上以后，虽然可以由机床坐标系确定工件的位置，但非常繁琐，而且容易出错。有时候一个机台上可以安装几个工件，如果还使用同一个坐标系，就更容易混淆。为了避免出现这种情况，就给每一个安装在机台上的工件建立一个坐标系，这个坐标系称为工件坐标系。

由于数控车床一次只能安装一个工件，因此数控车床只有一个工件坐标系，而数控铣（或加工中心）的机台比较大，能一次安装多个工件，因此数控铣（或加工中心）可以同时建立多个工件坐标系，最多建立 6 个工件坐标系。

工件坐标系是以机床坐标系里的某一点为基准建立的相对坐标系，是根据工件在机床中的摆放位置，由机床操作人员或编程人员根据不同工件的摆放情况而设定的，工件坐标系的原点可由使用人员根据具体情况确定，但坐标轴的方向应与机床坐标系一致并且与之有确定的尺寸关系。

例如，有一个工件，尺寸为 100mm × 50mm × 30mm，将它摆放在数控铣（或加工中心）的机台上，操作人员可以在该工件的上表面中心建立工件坐标系，也可以在下表面中心建立工件坐标系，或者在该工件某个拐角处建立工件坐标系。

当工件坐标系的原点确立之后，还必须通过试刀或分中棒或其他工具在工件坐标系和机床坐标系的各个坐标轴之间确定偏移关系。只有当工件坐标系和机床坐标系的各个坐标轴之间的偏移关系通过仪器测量出来，并偏移值输入机床的指定位置后，工件坐标系才完成建立。

建立工件坐标系是数控机床加工前的必不可少的一步，不同的系统，设定工件坐标系的方法不完全相同。工件坐标系建立原则：一个是坐标轴方向与机床坐标系的坐标轴方向保持一致；另一个是所建立的工件坐标系有利于零件加工。

2.2.4 编程坐标系

在用计算机软件对工件进行数控编程的时候，编程人员根据工件坐标系原点的位置和坐标轴的方向，在 3D 图上建立坐标系，这个坐标系就称为编程坐标系。编程坐标系的原点以及 X 轴、Y 轴和 Z 轴必须与工件坐标系的原点、X 轴、Y 轴、Z 轴必须完全一致。

对于编程人员而言，一般只需要知道工件上的原点位置与 X 轴、Y 轴、Z 轴等各个坐标轴的方向，即建立编程坐标系，而不需要了解机床原点、机床参考点的位置，也与数控机床的型号无关。

但编程人员在进行编程时，应根据 3D 图形和编程的实际情况，为了方便加工，可以要求机床操作人员对工件坐标系进行合理调整，必要时，可以要求机床操作人员重新装夹工件，更换装夹方式。

2.3 常用数控术语

2.3.1 插补

目前，数控系统只能控制刀具（或工作台）进行直线或圆弧运动，如果需要加工复杂曲线轮廓时，就必须把复杂曲线轮廓分成若干段，每小段之间的曲线近似为直线或圆弧。曲线上每小段之间的距离越短，或者曲线被分割的段数越多，则越接近实际曲线的轮廓。

插补是在组成轨迹的起点和终点之间，按一定的算法在曲线上进行数据点的密化工作，以确定若干个中间点，从而使这些点之间的连接接近实际曲线的轮廓。

通俗地说，插补的定义是数控系统在控制刀具（或工作台）加工曲线（包括直线和圆弧）时，按一定的算法，在已知曲线上的两点间再插入若干点，进行数据点的密化，从而形成要求的轮廓轨迹，这个过程就称为插补。也就是数控系统“插入和补上”运动轨迹中间坐标值的数据点，并形成预定轨迹的过程。

2.3.2 直线插补和圆弧插补

直线插补就是刀具的运动轨迹是直线，圆弧插补就是刀具的运动轨迹是圆弧。对于一般的曲线轮廓，通常可以将其分解成若十个直线插补或圆弧插补的形式。

数控机床在实际工作中，除了水平直线和竖直直线外，刀具并不是完全严格地走直线或圆弧轮廓，而是由一些细小的阶梯折线形成的，该折线逼近预定的直线或圆弧。例如，加工水平面上的一条斜线轮廓，它必须由 X 轴和 Y 轴联动才能完成，由于 X 轴和 Y 轴是互相独立的，每前进或后退一步的步长都是一个脉冲的距离，因此，X 轴和 Y 轴的这些脉冲距离就构成阶梯折线。很显然，这个脉冲的距离就是这数控机床的精度。

由于数控机床不能严格地按曲线轮廓进行加工，因此，必须在加工过程中时刻对刀具（机台）的轨迹进行控制。在数控机床的轨迹控制中常用的是逐点比较法，即机床每走一步都要将加工点的瞬时坐标与相应给定的图形上的点进行比较，判别两者的偏差，然后决定下一步的走向。如果加工点走到偏离图形，那么下一步就要向图形方向加工；如果加工点已在图形里面，则下一步就要向图形外面走，以缩小偏差，这样就能得到一个接近给定图形的轨迹，其最大偏差不超过一个脉冲当量（一个进给脉冲驱动下工作台所走过的距离）。

2.3.3 绝对值编程和相对值编程

数控铣床编程时，可以采用绝对值编程，也可以采用相对值编程，或者两者混用。

1. 绝对值编程

先根据预先设定的编程原点（或工件原点）计算出刀位点的绝对坐标，再用数控机床特定的格式进行编程的一种方法。采用绝对值编程时，刀位点的坐标用 *X*、*Y*、*Z* 表示，例如：

G01 X100 Y120 Z30 F1000；

表示刀位点目标坐标的绝对坐标是（100，120，30）。

2. 相对值编程

是根据目标刀位点与前一个刀位点坐标的相对值进行编程的一种方法。采用相对值编程时，用 *U*、*V*、*W* 表示 *X*、*Y*、*Z* 三个坐标轴方向的相对值，例如：

G01 U10 V20 W−30 F1000；

表示目标刀位点与前一个刀位点在 *X* 轴方向的增量是 10，在 *Y* 轴方向的增量是 20，在 *Z* 轴方向的增量是 −30。

3. 混合编程

绝对值编程和相对值编程两者混合进行编程的方法，称为混合编程。混合编程的优点是可以更灵活，更简洁，例如：

G01 X100 V20 W−50 F1000；

表示目标刀位点 *X* 轴的坐标是 100，与前一个刀位点在 *Y* 轴方向的增量是 20，在 *Z* 轴方向的增量是 −50。

项目 3 数控铣床 / 加工中心操作

学习目标

- 了解数控铣床控制器面板的区域划分
- 了解数控铣床的基本操作
- 掌握开机、关机、归零、主轴启动、分中、对刀等机床的操作

国外数控铣床的操作系统主要有日本 FANUC（法兰克）数控系统与德国 SIEMENS（西门子）数控系统，国内数控铣床的操作系统主要有华中数控系统和广州数控系统。各系统的操作方式略有不同，但基本原理相同。本项目以广州 GSK 990MC 钻铣床数控系统为基础，简单介绍数控铣床的一般操作。

3.1 控制器面板介绍

广州 GSK 990MC 钻铣床数控系统的操作面板可以分为液晶显示区、编辑键盘区和机床控制区三大部分，如图 3-1 所示。

图3-1 控制面板

3.1.1　液晶显示区

在编辑键盘区中按下“位置 POS”键，液晶显示区进入位置显示页面，可分为相对坐标、绝对坐标、综合和程监 4 种界面。

1. 相对坐标

按【相对坐标】键，显示当前刀具在相对坐标系的位置，相对坐标可以重新设置为 0，如果要将 *X* 的相对坐标设为 0，可按以下步骤进行：先在编辑键盘区中按下 *X* 键，再按“取消”键，可将 *X* 的相对坐标设为 0。采同相同的方法，可将 *Y*、*Z* 的相对坐标设为 0。

2. 绝对坐标

按【绝对坐标】键，显示当前刀具在绝对坐标系的位置。绝对坐标的数值不可以随意更改，只有机床在归零状态时，绝对坐标的数值才显示 0。

3. 综合

按【综合】键，可以同时显示相对坐标、绝对坐标、机床坐标、手轮中断的偏移量、速度分量和余移分量（在自动、录入及 DNC 方式下才显示），如图 3-2 所示。

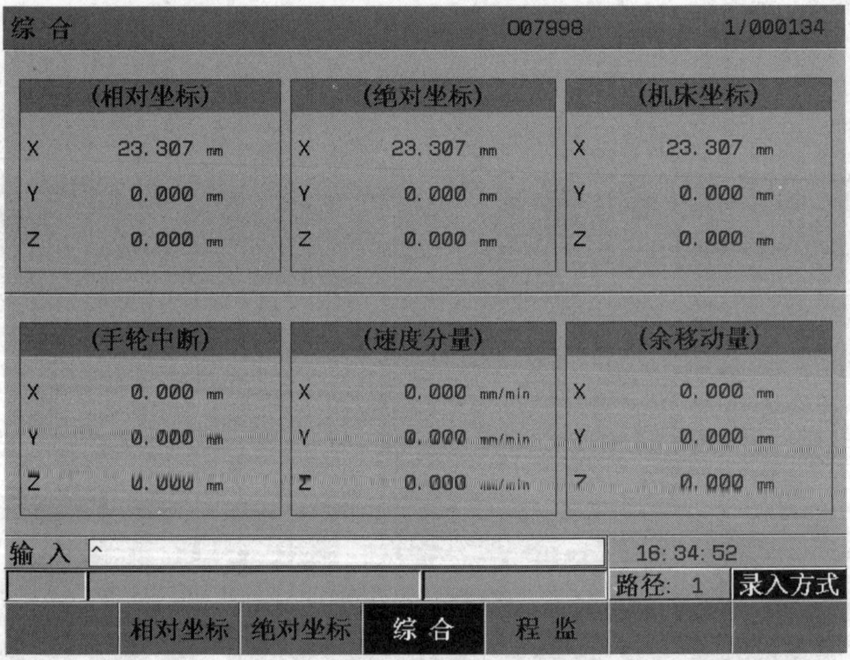

图3-2　综合显示界面

4. 程监

按【程监】键，进入【程监】界面，可同时显示刀具当前位置的绝对坐标、移动余量及当前运行程序的模具信息和运行程序段，如图 3-3 所示。

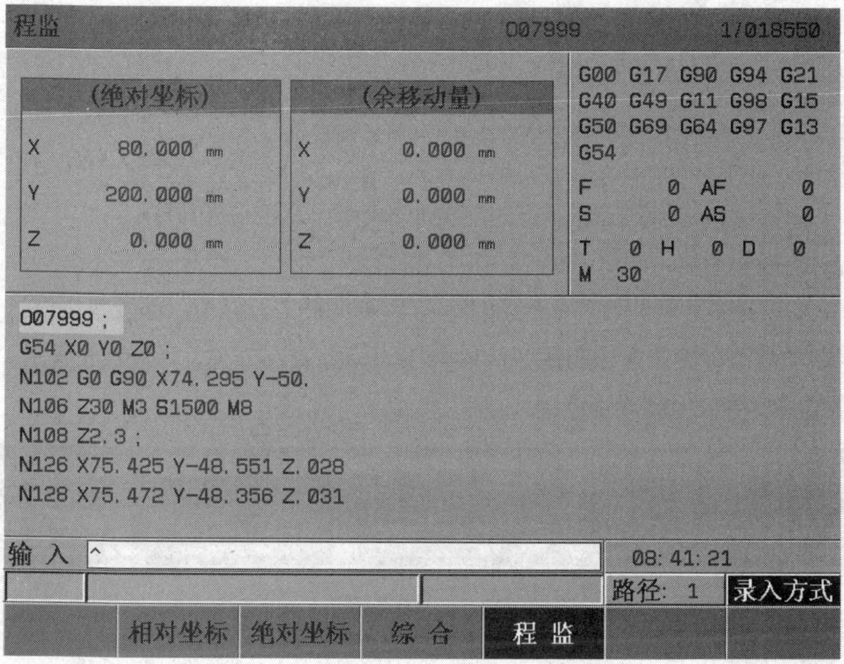

图3-3 程监显示界面

3.1.2 编辑键盘区

在编辑键盘区中有复位键（RESET）、地址键（26 个英文字母）、数字键（0 ~ 9）、输入键（INPUT）、翻页键、光标移动键、编辑键、屏幕操作键等，如图 3-4 所示。

图3-4 编辑键盘区

（1）复位键：按下“RESET”键，系统复位，机床在加工时，主轴停止旋转运动，*X*、*Y*、*Z* 停止进给运动，在程序编辑状态下，光标返回程序开始位置。

（2）地址键：包括 26 个英文字母和 EOB 键，在“录入”（MDI）模式下，可以输入英文字母和 EOB（分号）字符。

（3）数字键：包括数字 0 ~ 9，在“录入”（MDI）模式下，可以输入数字 0 ~ 9。

（4）输入键：将选中的数字、地址或数据输入到缓冲区，或确认操作结果。

（5）翻页键：用于同一显示方式下页面的转换、程序的翻页。

（6）光标移动键：用于光标上下左右移动。

（7）编辑键：用于程序编辑时程序、字段等的插入、修改、删除等操作。

（8）屏幕操作键：在编辑键盘区的最下方，共有 9 个键，如图 3-5 所示。按下其中任意键，进入相对应的界面显示。

图3-5　屏幕操作键

①位置：显示当前点相对坐标、绝对坐标、综合坐标、程监、监控显示页面。

②程序：显示程序、MDI、现 / 模、现 / 次、目录显示页面，目录界面可通过翻页键查看多页程序名。

③系统：显示刀具偏置、参数、宏变量、螺补显示页面。

④程控：查看 PLC 梯图相关的版本信息和系统 I/O 口的配置情况，同时在录入方式下可对 PLC 梯图进行修改。

⑤设置：共有五个界面，通过相应按键转换显示设置、工件坐标、分中对刀、数据和密码设置界面。

⑥图形：显示图参、图形显示页面，图参进行显示图形中心、大小以及比例设定。

⑦诊断：查看系统各侧的 I/O 口信号状态、总线状态、DSP 状态及波形。

⑧报警：查看各种报警信息页面及历史和操作履历。

⑨帮助：查看系统相关的各项帮助信息。

3.1.3　机床控制区

机床控制区的按键在控制器面板的下方，如图 3-6 所示。

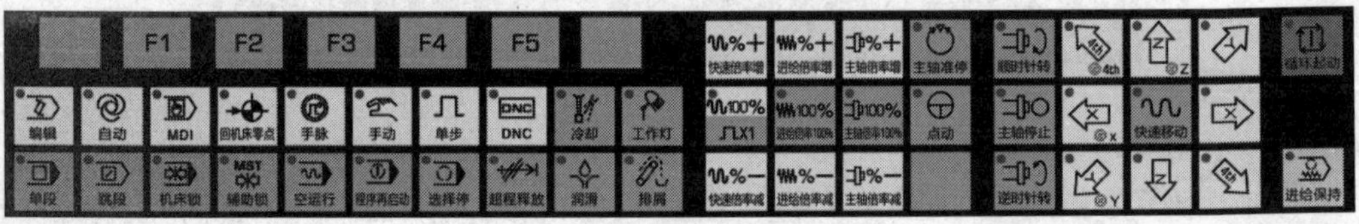

图3-6　GSK990MC机床控制键

GSK990MC 机床控制键各按键的功能如表 3-1 所示。

表 3-1 GSK990MC 机床控制键的功能

按 键	名 称	功能说明	备注及操作说明
	编辑方式选择键	进入编辑操作方式	可对程序进行编辑
	自动方式选择键	自动执行程序方式	运行保存在存储器的程序
	MDI 方式选择键	进入录入（MDI）操作方式	可输入指令，再按启动按钮可执行所输入的指令
	机械回零方式选择键	执行机械回零操作	实现机床运动轴的归零，归零后各坐标系的绝对坐标为 0
	手动单步方式选择键	执行手动单步操作	在手动方式下，切换到单步方式时，按一下“单步”按钮，机床就移动一个步长的距离
	手动方式选择键	进入手动操作方式	同时按住手动按钮和 *X* 轴（或 *Y* 或 *Z* 轴）按钮，可移动 *X*、*Y*、*Z* 坐标轴的位置
	手轮方式选择键	进入手轮操作方式	选择坐标轴后，再旋转手轮，可移动 *X*、*Y*、*Z* 坐标轴的位置
	DNC 方式选择键	进入 DNC 操作方式	切换到 DNC 方式后，可运行外部程序
	程序段选跳开关	打开时，指示灯亮，程序执行跳段指令	执行自动方式、DNC 时，跳过前面有“/”的程序段，运行下一段的程序
	单段开关	程序在单段/连续运行状态之间切换，指示灯亮时为单段运行	自动运行时切换到单段方式，系统运行完当前程序段后暂停
	空运行开关	空运行有效时，指示灯亮	各运动轴以 G00 速度执行程序，空运行一般用于调试程序
	辅助功能开关	辅助功能打开时指示灯亮，M、S、T 功能输出无效	在执行自动方式、录入方式、DNC时，按下此键，程序中的 M、S、T 功能输出无效，但程序中的其他指令照常执行

续表

按　键	名　称	功能说明	备注及操作说明
	机床锁住开关	机床锁打开时指示灯亮，轴动作输出无效	在执行自动方式、录入方式、DNC时，按下此键，各运动轴被锁定，停止运动，但程序中的其他指令照常执行
	机床工作灯开关	机床工作灯开 / 关	在任何方式下都可以控制工作灯的开 / 关
	润滑开关键	机床润滑开 / 关	在任何方式下都可以控制润滑油的开 / 关
	冷却液开关键	冷却液开关	在任何方式下都可以控制冷却液的开 / 关
	排屑开关键	排屑开 / 关	在任何方式下都可以控制排屑传动的开 / 关
	主轴控制键	主轴正转、主轴停转、主轴反转	在手轮方式、单步方式、手动方式下该键有效
	主轴倍率键	主轴转速调整	在任何方式下，按“+”键，可使主轴转速提升10%，按“−”键，可使主轴转速降低10%，按100%可使主轴转速恢复调整前的转速
	主轴点动开关	主轴点动状态开 / 关	在手动方式、单步方式、手轮方式下，该键有效
	主轴准停键	主轴准停开 / 关	在手动方式、单步方式、手轮方式下，该键有效
	超程解除键	*X*轴、*Y*轴、*Z*轴超行程引起机床报警，按下超程解除键，其指示灯亮，反向移动机床到指示灯熄灭为止	在手动方式、手轮方式下，该键有效
	程序再启动键	退出正在加工的程序或突然断电后恢复到断电前的加工状态	自动方式（此处移动量是从当前点到断点处的直线距离）
	选择停开 / 关键	在加工时遇到程序中的“M01”，将会暂停	在自动方式、录入方式、DNC下，该键有效
	进给倍率键	可对机床坐标轴的进给速率进行调整，调整范围为（50% ~ 150%）	在自动运行或DNC方式下，该键有效，按“+”键，可使进给速率提升10%，按“−”键，可使进给速率降低10%，按100%可使进给速率恢复调整前的状态

续表

按 键	名 称	功能说明	备注及操作说明
	快速移动键	快速移动开 / 关	在手动方式下，该键有效
	手轮倍率选择键	对机床坐标轴进给速率的倍率进行调整，倍率分别 0.001、0.01、0.1	手轮方式下有效
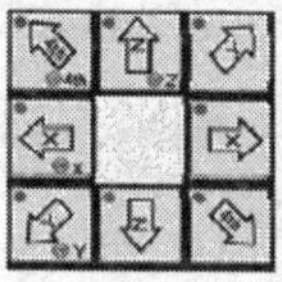	手动进给键	*X*、*Y*、*Z*、4th 轴移动	机械回零、单步方式、手动方式、手轮方式下该键有效
	进给保持键	在机床运行过程中，按下此键，程序暂停运行	自动方式、录入方式、DNC 方式下有效
	循环启动键	按下此键，程序自动运行	自动方式、录入方式、DNC 方式下有效

3.2 基本操作

3.2.1 开机、关机的操作步骤

1）开机的一般步骤

Step 01 打开与机床相连的外部电源、打开空压机（或与机床相连的气管）。

Step 02 将数控铣床背后的电源开关旋转到“ON”位置，使机床通电。

Step 03 按下控制器操作面板上的“打开”按钮，使数控铣床的控制器通电。

Step 04 在操作面板上顺时针旋转“紧急停止”按钮，使“紧急停止”按钮跳起，控制柜内的进给驱动电源接通，数控铣床的控制器进入可操作状态。

Step 05 用手动（或手轮）方式移动机床的*X*、*Y*、*Z*轴，检查机床是否正常。

2）关机的一般步骤

Step 01 在控制器操作面板上按下“紧急停止”按钮，控制柜内的进给驱动电源被切断，伺服进给及主轴运动立即停止工作，数控铣床的控制器中出现“准备未绪”的警告字符。

Step 02 按下操作面板上的“关机”按钮，使数控铣床的控制器电源被切断。

Step 03 将数控铣床背后的电源开关旋转到“OFF”位置，使机床电源被切断。

Step 04 切断与机床相连的外部电源、关闭空压机（或与机床相连的气管）。

Step 05 打扫机床卫生，将刀具、检测工具、码铁等放回指定位置。

Step 06 将加工后的工件放在指定位置。

3.2.2 机床归零

机床坐标系是机床固有的坐标系，机床坐标系的原点称为机床零点（参考点），是机床制造者规定的机械原点，通常安装在 *X* 轴、*Y* 轴、*Z* 轴、4th 轴正方向的最大行程处。数控装置通电时并不知道机械零点，需要进行归零操作后，才能正常工作，机床归零的步骤如下。

Step 01 在控制器面板中按下"回机床零点"按钮，进入机械回零操作方式，这时液晶屏幕右下角显示"机械回零"字样。

Step 02 选择欲回机械零点的*X* 轴、*Y* 轴、*Z* 轴、4th 轴，机床向机械零点方向移动，在减速点以前，机床以G00速度快速移动，碰到减速开关后，机床的移动速度逐步减小，回到机械零点（也即参考点）时，坐标轴停止移动，回零指示灯亮。

Step 03 回零指示灯亮后，表示*X*、*Y*、*Z*、4th 轴已归到机床的原点，此时液晶显示屏中绝对坐标系、相对坐标系的数值全部为0。

在执行机床归零时，应注意以下两点：

（1）为防止机床回零时发生刀具碰撞工件的现象，在执行机床回零时，应先将 *Z* 轴归零，*Z* 轴提升到一定的高度，远离工件后，再将 *X* 轴、*Y* 轴、4th 轴归零。

（2）如果开机后，各坐标轴已经处于机床的原点位置，此时应通过手动或手轮方式，将坐标轴朝机床中心方向移动，离开机床原点后再执行回零。

3.2.3 开启主轴转动

机床在通电后，如果直接按下控制器面板上的"顺时针转"或"逆时针转"按钮，机床的主轴是不会旋转的。使主轴转动的正确步骤是在 MDI 模式下，输入顺（逆）时针转的代码指令 S××××M03（M04）后，再按"循环启动"键，主轴才会旋转，具体步骤如下。

Step 01 在控制器面板中按"程序"按钮，有【程序】、【MDI】、【现/模】、【现/次】和【目录】五个分界面。

Step 02 按【现/模】键进入【现/模】输入界面。

Step 03 在键盘上依次输入程序段S1000 M03。

Step 04 在控制器面板中按下"输入"键确认，指令输入到界面中，此时【现/

模】界面如图3-7所示。

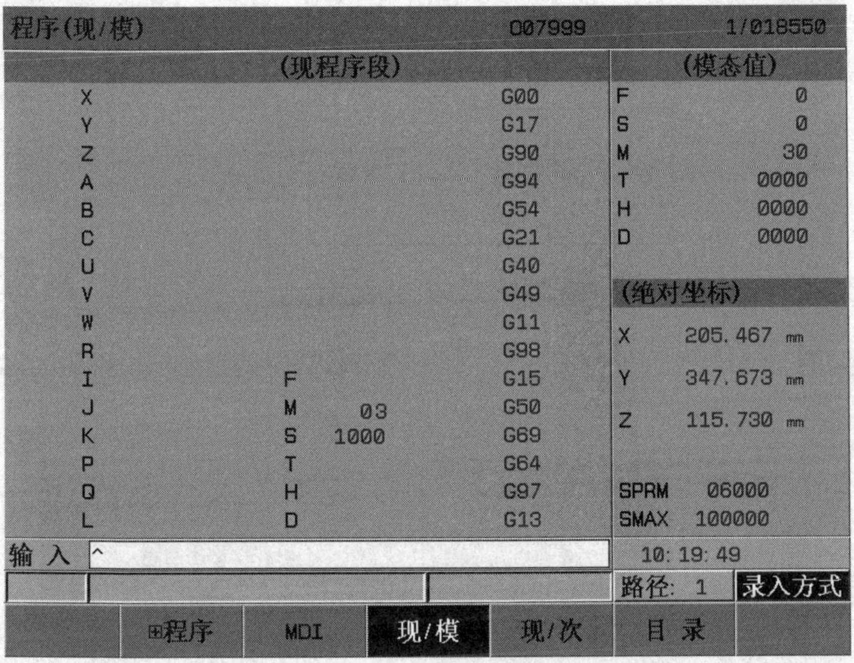

图3-7　输入程序段S1000 M03

Step 05 在控制器面板中按下“循环起动”按钮，主轴按顺时针旋转，转速为1000 r/min。

3.2.4　分中与对刀

为了保证在加工零件时的工件坐标系与编程软件坐标系的位置相对应，必须在加工前对工件进行分中，确定工件坐标系，并把工件坐标系的数值输入到G54 ~ G59中，具体步骤如下。

Step 01 按前面的方法，以500 r/min的转速按顺时针方向启动主轴。

Step 02 把坐标的显示方式切换到相对坐标的显示界面。

Step 03 在控制器面板中按键，选中手轮方式移动机床的运动轴。

Step 04 在控制器面板中按键，手轮进给倍率选择0.1mm。

Step 05 先找+*X*方向：以手轮方式先将刀具定位到工件*X*正方向一侧，再下移*Z*轴，使刀尖位置低于工件表面，然后向工件移动，在即将接近工件时，按下，选择手轮的进给倍率为0.01mm，以较低的速度向工件移动，直到刀具刚好切削到工件时停止移动刀具，如图3-8所示。

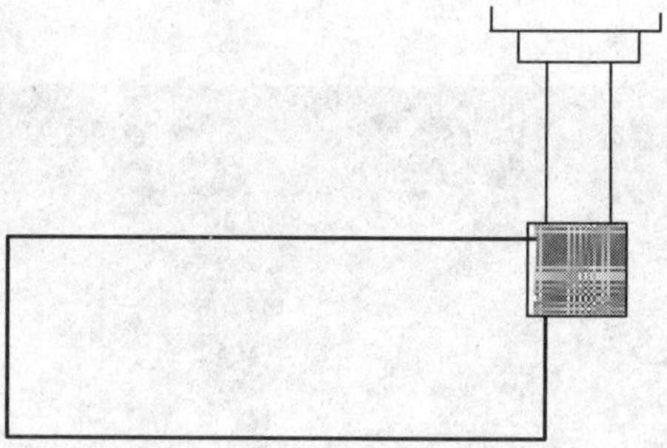

图3-8　刀具刚好切削到工件侧面

Step 06 在控制器面板中按键，再按键，*X*的相对坐标设置为0，如图3-9所示。

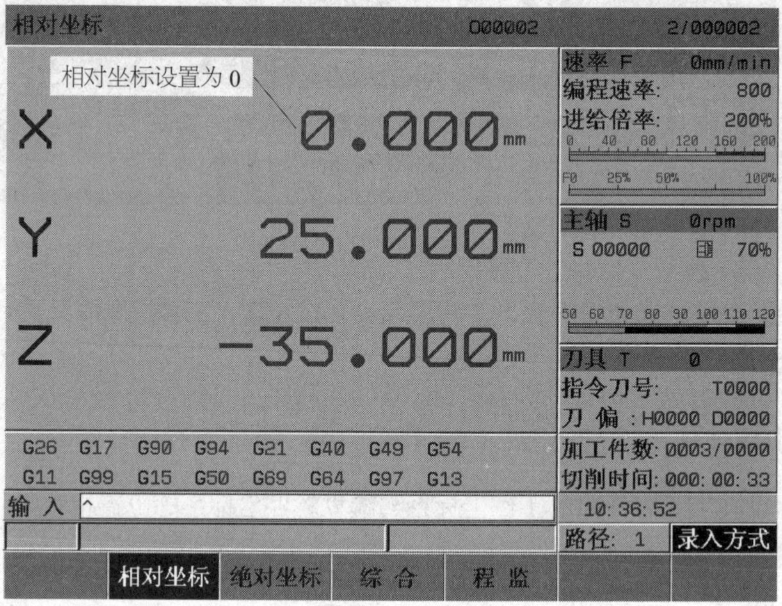

图3-9　*X*的相对坐标设置为0

Step 07 采用相同的方法，移动刀具到工件*X*轴方向的另一侧，刚好切削到工件后，按键，再按键，此时*X*的相对坐标数值被除以2，完成分中操作（相对坐标数值的变化并没有改变绝对坐标值与机床坐标值）。

Step 08 将刀具提升，高出工件表面后，再将刀具移动到*X*轴相对坐标值显示为0处，此时刀具移至工件*X*轴的中心处，如图3-10所示。

Step 09 按照上述方法，将刀具移至工件*Y*轴中心处。

Step 10 先选择手轮的进给倍率为0.01，再慢慢移动*Z*轴，使刀尖刚好接触工件的上表面，如图3-11所示。

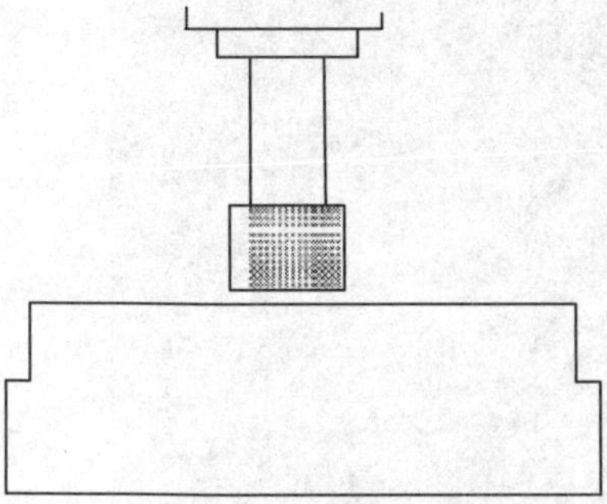

图3-10 刀具移至工件X轴的中心处

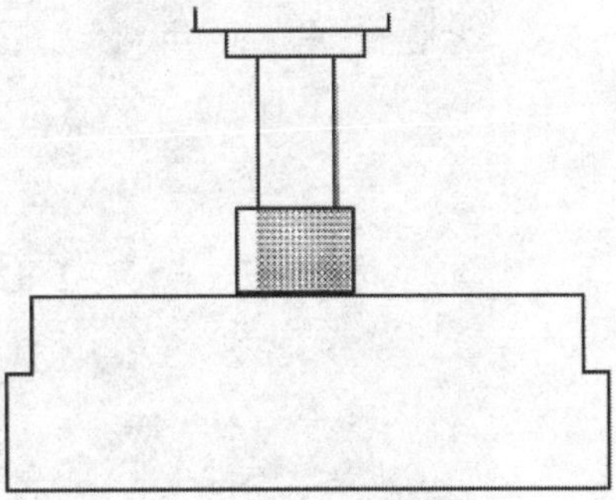

图3-11 刀尖刚好接触工件上表面

Step 11 在控制器面板中按键进入设置信息显示界面，在此界面中有【设置】、【工件坐标】、【分中对刀】、【数据】和【密码】五个分界面，如图3-12所示。

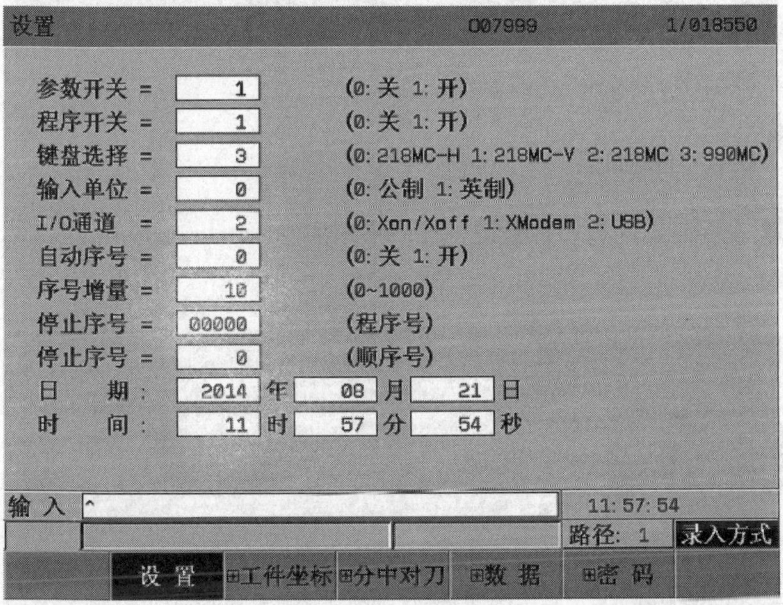

图3-12 设置信息显示界面

Step 12 在设置信息显示界面按【工件坐标】键进入坐标系设置界面，如图3-13所示。

Step 13 把光标移到G54坐标系上，先按“X”，再按键，系统会自动刀尖所在位置的*X*轴机床坐标系的值输入到G54中。采用相同的方法，把*Y*、*Z*轴机床坐标系的值输入到G54中。

（也可以把机床坐标系中的数值直接输入到G54中，例如：把光标移到G54坐标系上，再输入Z−16.661，再按软件中的〈输入〉键确认。）

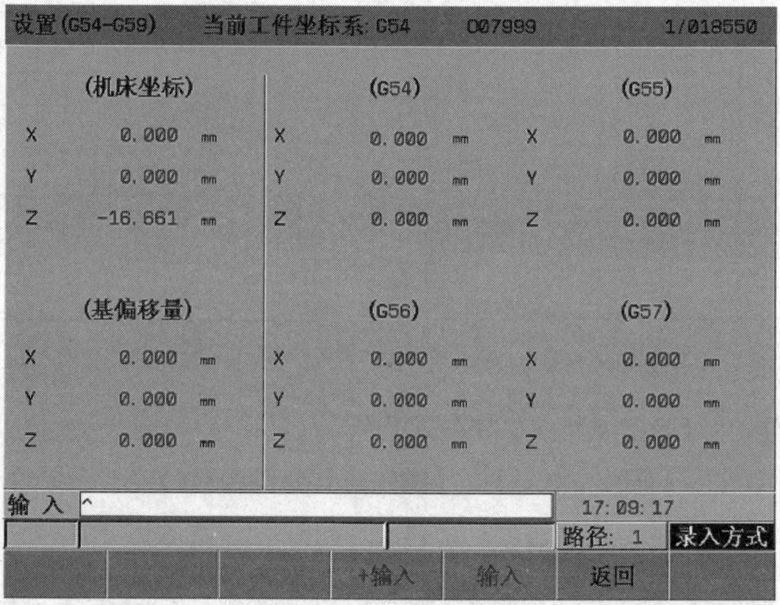

图3-13　坐标系设置界面

3.2.5　串口 DNC 在线加工

Step 01 在控制器面板中按键，在设置页面中将I/O通道设置为0或1，如图3-14所示。

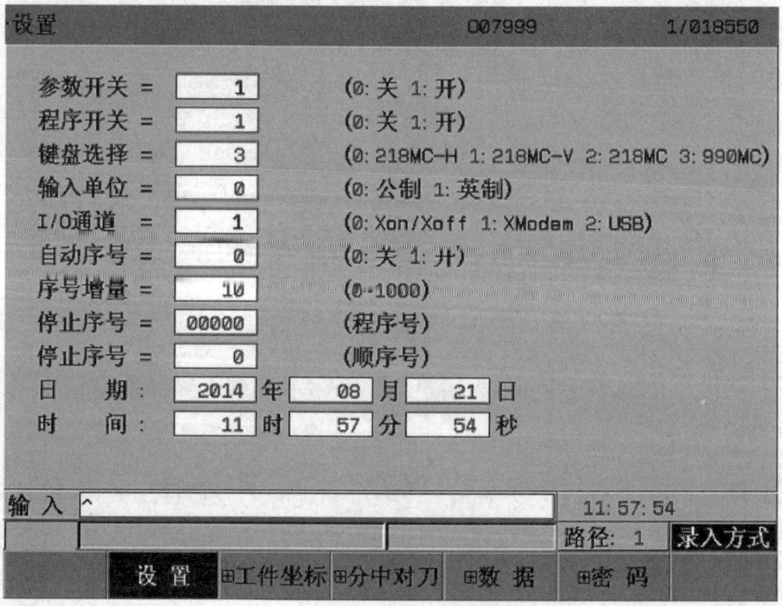

图3-14　I/O通道设置为0或1

Step 02 在控制器面板中按键，此时系统提示“DNC就绪，PC发送后请按输入”。

Step 03 在串口通信软件中选择与机床相对应的波特率（2400、4800、9600、19200、38400）。

Step 04 用串口通信软件打开程序文件。

Step 05 单击串口通信软件上的“发送”按钮。

Step 06 在控制器面板中按下，将机床的进给倍率改为0.01，这样确保机床在开始启动时的启动速度较慢，防止发生意外。

Step 07 在控制器面板中按下键，再按下键，机床开始加工。

3.2.6 USB 在线加工

Step 01 在控制器面板中按键，将I/O 通道设置为2，如图3-12所示。

Step 02 插入U盘。

Step 03 在控制器面板中按键，此时系统提示“请在USB目录选择加工文件”。

Step 04 按<程序>键进入程序界面，再按<目录>键，可以显示USB程序文件，移动光标选择要加工的程序文件。

Step 05 在控制器面板中按下键，再按下键，机床开始加工。

3.2.7 单个程序的删除

Step 01 在控制器面板中按下，再按下，选择“编辑”操作方式。

Step 02 在程序显示页面中输入O0101（此处以删除O0101程序为例）。

Step 03 在控制器面板中按下键，则存储器中所对应的程序（O0101）被删除。

3.2.8 全部程序的删除

Step 01 在控制器面板中按下，再按下，选择“编辑”操作方式。

Step 02 在程序显示页面中输入O−9999。

Step 03 在控制器面板中按下键，则存储器中所有的程序被删除。

3.2.9 图形显示

程序编写完成之后，在开始加工前，可以通过图形模拟检查加工程序是否正确，或者一边加工，一边绘制图形，广州 GSK 990MC 钻铣床数控系统的作图步骤如下。

Step 01 在控制器面板中按键，进入图形页面。

Step 02 在图形页面中按【图形】键，进入绘制图形界面，如图3-15所示。

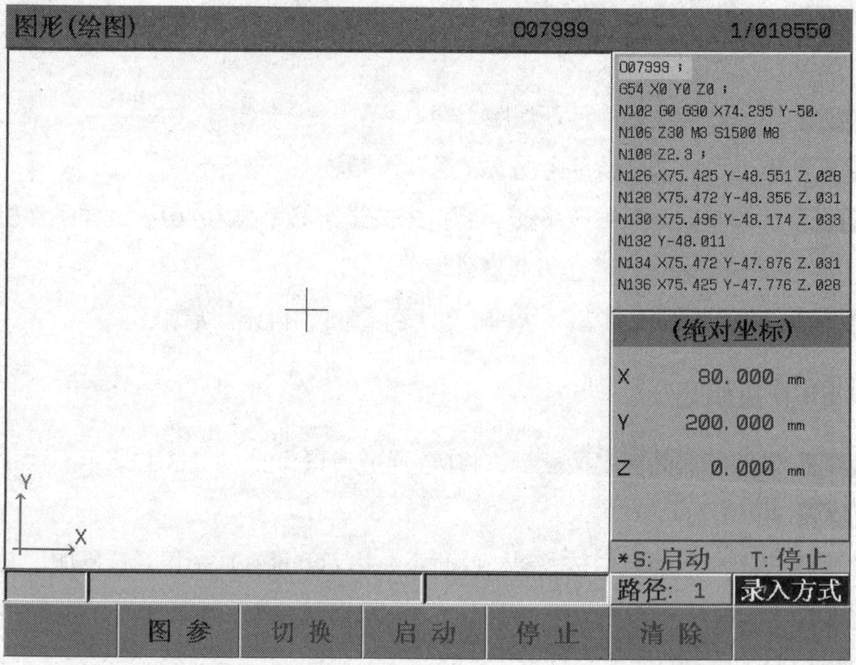

图3-15　绘制图形界面

Step 03 在绘制图形界面中按【启动】键或开始做图，按【停止】键或停止做图，按【清除】键或键，清除已绘出的图形。

3.2.10　USB 文件的复制

Step 01 在控制器面板中按键，将I/O 通道设置为2，如图3-12所示。

Step 02 在控制器面板中按键，进入录入方式。

Step 03 进入设置（数据处理）界面后，在控制器的编辑键盘区中按方向键将光标移动到“◉CNC零件程序”上，按【数据输出】或【数据输入】键，进入操作界面，如图3-16所示。

Step 04 将控制器中的文件复制到U盘中，步骤如下：先选定要复制的CNC程序文件（如O00002），再选【复制】键，即可将控制器中的文件复制到U盘中。

Step 05 将U盘中的文件复制到控制器中，步骤如下：先按【U盘】键切换到U盘文件目录表显示界面，再选定U盘中所要复制的CNC程序文件，再按【复制】键，即可将U盘中的文件复制到控制器中。

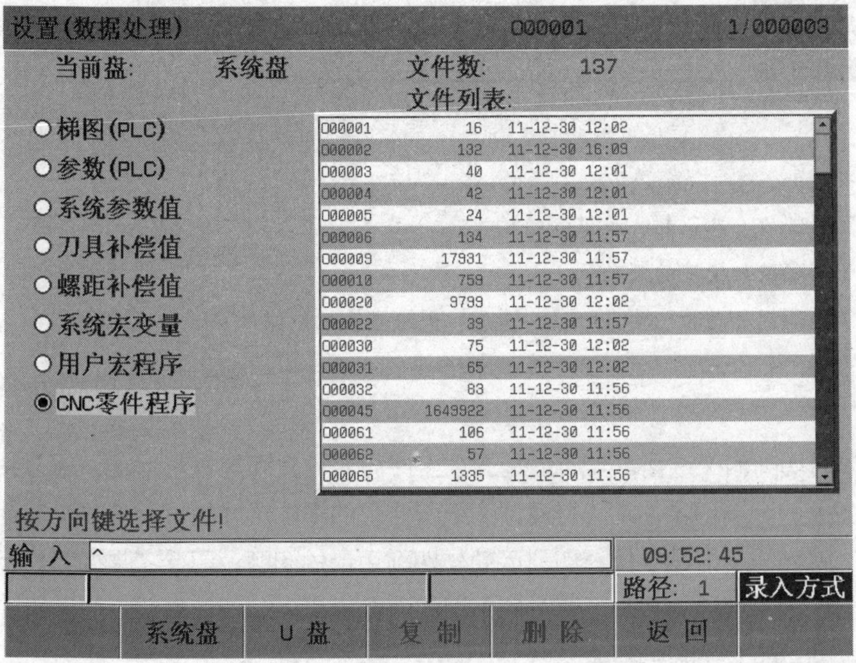

图3-16 设置（数据处理）界面

项目 4 数控切削基本知识

学习目标

- 了解铣刀、麻花钻、车刀的结构
- 了解顺铣和逆铣的概念
- 掌握切削运动的三要素：切削速度、进给量和切削深度

金属的切削加工过程，实质上是通过工件与刀具之间的相对运动，用刀具把工件毛坯上多余的金属切除，以获得设计图纸所要求的零件尺寸的过程。要实现金属的切削加工，就会涉及刀具参数、切削运动与切削用量的问题。因此，掌握刀具参数、切削运动与切削用量的关系，了解它们之间的内在规律，对于从事切削加工的操作员工和编程人员，都十分重要。

4.1 铣刀

1. 铣刀的定义

铣刀，是用于铣削加工的、具有一个或多个刀齿的旋转刀具。工作时各刀齿依次间歇地切去工件的余量。铣刀主要用于在铣床上加工平面、台阶、沟槽、成型表面和切断工件等。

2. 铣刀的分类

按形状，铣刀可以分为以下 9 种。

1）圆柱形铣刀

用于卧式铣床上加工平面。刀齿分布在铣刀的圆周上，如图 4-1 所示。按齿形分为直齿和螺旋齿两种。按齿数分粗齿和细齿两种。螺旋齿粗齿铣刀齿数少，刀齿强度高，容屑空间大，适用于粗加工；细齿铣刀适用于精加工。

2）面铣刀

又称盘铣刀，如图 4-2 所示。用于立式铣床、端面铣床或龙门铣床上加工平面，端面和圆周上均有刀齿，也有粗齿和细齿之分。其结构有整体式、镶齿式和可转位式 3 种。

3）锯片铣刀

用于加工深槽和切断工件，其圆周上有较多的刀齿，如图 4-3 所示，为了减少铣切时的摩擦，刀齿两侧有 15′ ~ 1° 的副偏角。此外，还有键槽铣刀、燕尾槽铣刀、T 形

槽铣刀和各种成型铣刀等。

4）T 形铣刀

呈“T”形状，如图 4-4 所示，用来在工件上加工 T 形槽。

5）立铣刀

用于加工沟槽和台阶面等，刀齿在圆周和端面上，如图 4-5 所示。工作时不能沿轴向进给。当立铣刀上有通过中心的端齿时，可轴向进给。

6）球头刀

球头刀是刀刃类似半球的铣刀，如图 4-6 所示，用于铣削各种曲面、圆弧面的刀具。

7）粗皮刀

粗皮铣刀的外圆柱面有波纹状的结构，如图 4-7 所示，用于铣削粗加工，具有一个或多个刀齿的旋转的刀具。

8）角度铣刀

刀刃有一定的斜度，如图 4-8 所示，用于铣削成一定角度的沟槽，有单角和双角铣刀两种。

9）三面刃铣刀

其两侧面和圆周上均有刀刃，三个面有刀刃，如图 4-9 所示，用于加工各种 T 形槽、沟槽和台阶面。

图4-1 圆柱形铣刀

图4-2 面铣刀

图4-3 锯片铣刀

图4-4 “T”形铣刀

图4-5 立铣刀

图4-6 球头刀

图4-7 粗皮刀

图4-8 角度铣刀

图4-9 三面刃铣刀

按结构分类，铣刀可以分为以下 4 种。

1）整体式

刀体和刀齿制成一体，图 4-1、图 4-3、图 4-5、图 4-6、图 4-7 和图 4-8 均为整体式。

2）整体焊齿式

刀齿用硬质合金或其他耐磨刀具材料制成，并钎焊在刀体上，如图 4-4 和图 4-9 所示。

3）镶齿式

刀齿用机械夹固的方法紧固在刀体上，如图 4-2 所示。这种可换的刀齿可以是整体刀具材料的刀头，也可以是焊接刀具材料的刀头。刀头装在刀体上刃磨的铣刀称为体内刃磨式；刀头在夹具上单独刃磨的称为体外刃磨式。

4）可转位式

刀齿可以拆卸，如图 4-2 所示，刀齿的切削刃磨损后，可以把刀齿拆下来，换一下方位，再重新装上去，这种结构已广泛用于面铣刀、立铣刀和三面刃铣刀等。

3. 立铣刀结构

立铣刀是一种在数控加工中应用广泛的多刃刀具，可加工平面、台阶面、沟槽等。立铣刀的铣削速度较高且无空程，因此是一种高效率的切削加工用刀具。铣刀的几何结构非常复杂，整体结构的立铣刀可分为：刃部、颈部和柄部三部分，其中圆柱面上的切削刃是主切削刃，端面上是副切削刃，如图 4-10 所示。

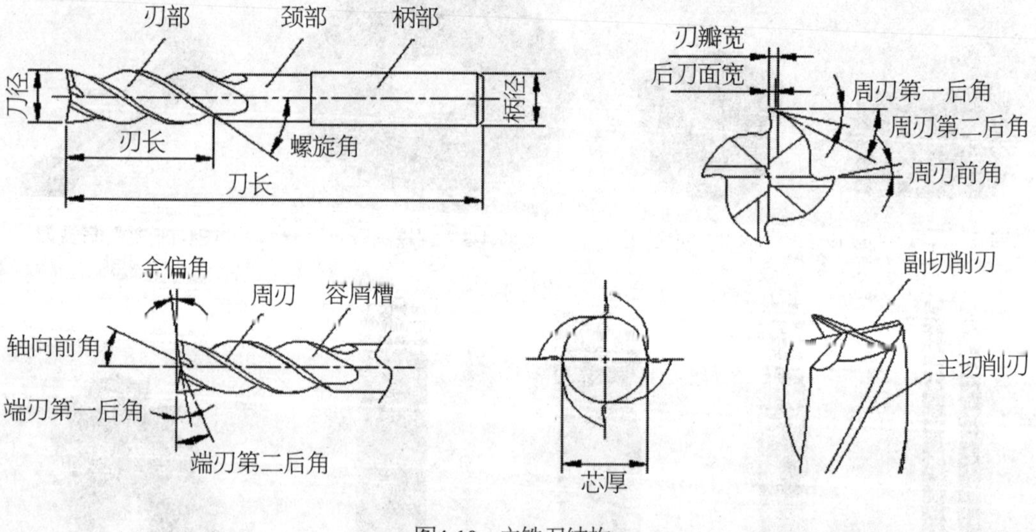

图4-10　立铣刀结构

柄部是刀具的夹持部分，用来将立铣刀装夹在机床上，并在铣削时传递转矩；颈部是连接刃部和柄部的部分；刃部是整个刀具最重要的部分，它的材料、形状、齿数决定了它的加工性能。

4.2 麻花钻

1. 麻花钻的结构

麻花钻的结构由柄部、颈部和工作部分组成。它是通过其相对固定轴线的旋转进行钻削圆孔的工具，因其容屑槽形似麻花而得名。容屑槽有 2 槽、3 槽或更多槽，但以 2 槽最为常见。麻花钻可被夹持在手动、电动的手持式钻孔工具或钻床、铣床、车床乃至加工中心上使用，钻头材料一般为高速工具钢或硬质合金。

麻花钻与立铣刀的结构相比，主切削刃和副切削刃的位置正好对调，主切削刃位于端面，副切削刃位于圆柱面上，如图 4-11 所示。

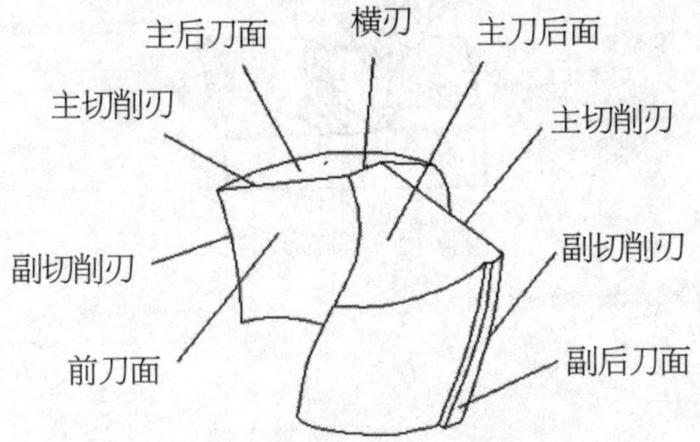

图4-11　麻花钻钻头的结构图

其中：

（1）主后刀面：切削部分顶端的曲面，钻孔时与工件直接接触，两个后刀面要求光滑。

（2）前刀面：切削部分螺旋槽的表面，与主、副切削刃相邻的曲面。

（3）副后刀面：麻花钻的副后刀面是指与麻花钻直径相等的圆柱面。

（4）主切削刃：主后刀面与前刀面的交线，两条主切削刃长度相等，并且相对麻花钻轴心线对称。

（5）副切削刃：副后刀面与前刀面的交线。

（6）横刃：两个主后刀面的交线。

2. 麻花钻加工的特点

（1）麻花钻的直径受孔径的限制，螺旋槽使钻芯更细，钻头刚度低，容易扭曲；仅有两条棱带导向，孔的轴线容易偏斜；横刃使定心困难，轴向抗力增大，钻头容易摆动。因此，钻出孔的形位误差较大。

（2）麻花钻的前刀面和后刀面都是曲面，沿主切削刃各点的前角、后角各不相同，横刃的前角达 −55°，切削条件很差；切削速度沿切削刃的分配不合理，强度最低的刀尖切削速度最大，所以磨损严重。因此，加工的孔精度低。

（3）钻头主切削刃全刃参加切削，刃上各点的切削速度又不相等，容易形成螺旋形切、屑，如图 4-12 所示，排屑困难。因此切屑与孔壁挤压摩擦，常常划伤孔壁，加工后的表面粗糙度很低。

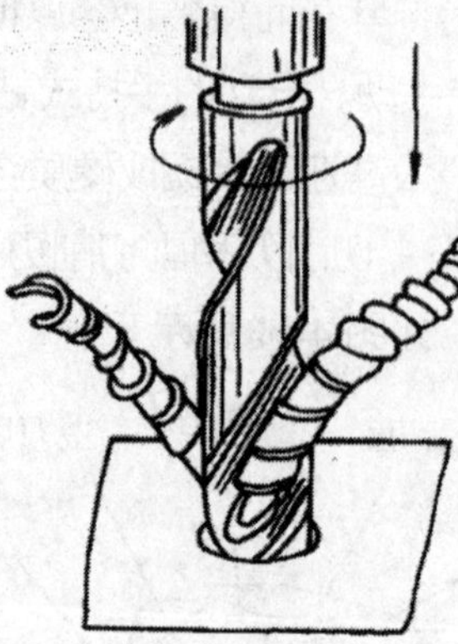

图4-12　螺旋形切屑

4.3　车刀

1. 车刀的结构

车刀是用于车削加工的刀具，是切削加工中应用最广的刀具之一。车刀的切削部分由主切削刃、副切削刃、断屑槽、前刀面、主后刀面和副后刀面等组成，如图 4-13 所示。

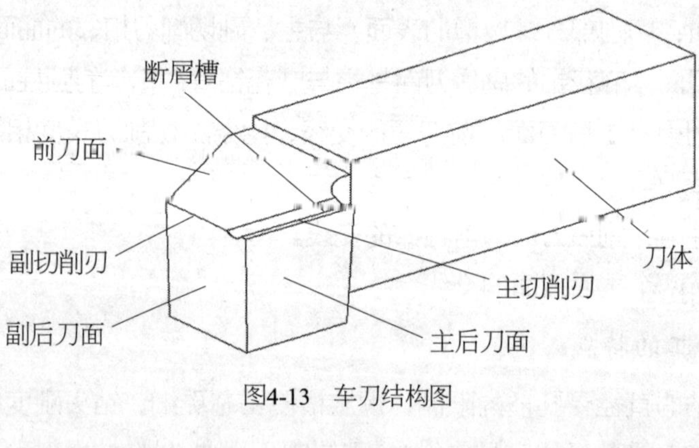

图4-13　车刀结构图

其中：

（1）前刀面：指刀具上切屑流过的表面。

（2）主后刀面：指刀具上与工件上的加工表面相对的刀具表面。

（3）副后刀面：指刀具上与工件上的已完成加工表面相对的刀具表面。

（4）主切削刃：指前刀面与主后刀面的交线，是前刀面上进接进行切削的刀刃，它完成主要的切削工作。

（5）副切削刃：指前刀面与副后刀面的交线，副切削刃协同主切削刃完成切削工作。

（6）断屑槽：车刀断屑槽是刀具切削刃的后面磨出一道凹槽。它的作用是使切削屑及时断裂，不让它连续出来，缠绕刀具和影响工件的外表面质量。

2. 车刀的类型

车刀按用途可分为外圆、台肩、端面、切槽、切断、螺纹和成型车刀等，还有专供自动线和数字控制机床用的车刀。

按结构可分为整体车刀、焊接车刀、机夹车刀、可转位车刀和成型车刀。

4.4 顺铣和逆铣

1. 顺铣和逆铣的概念

在进行铣削时，由于铣刀与工件之间相对运动的不同而产生了不同的加工方式——顺铣和逆铣。可以有两种理解方式：一种理解是沿着刀具的进给方向看，如果工件位于铣刀进给方向的右侧，称为顺铣；反之，称为逆铣。另一种理解是如果铣刀旋转方向与工件进给方向相同，称为顺铣；反之，称为逆铣。顺铣和逆铣如图 4-14 所示。

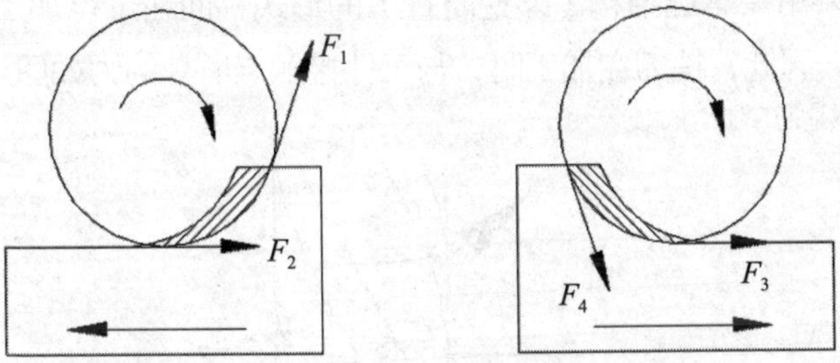

（a）顺铣　　（b）逆铣

图4-14　顺铣和逆铣

2. 顺铣的受力分析

顺铣的铣削方向与进给方向同向，它的主要特征表现在刀刃切入工件时的切削量大，而在刀刃离开工件时，切削量逐步减少，直至完全离开工件表面时，切削量为 0。

顺铣时，铣刀在切入、切出时的受力分析如图 4-14（a）所示，图中 F_1 指的是切入时刀刃所受的力，F_2 指的是切出时所受的力，两者对工件的影响如下：

（1）刀具切入时所受的力 F_1 方向指向远离工件，刀具向远离工件扭曲变形，因此加工后的工件尺寸出现正公差。

（2）切出时工件运动方向与刀具的线速度方向一致，有助于减少主轴电机负荷的作用。

（3）刀具切出时所受的力 F_2 的反作用力有促进工件运动的作用，因此起减少机床导轨电机负荷的作用，有促于减少机床的震动。

3. 逆铣的受力分析

逆铣的铣削方向与进给方向恰好相反，它的主要特征表现在刀刃切入工件时的切削量最小，然后切削量逐步增大，直至刀刃完全离开工件表面时，切削量为最大。

逆铣时，铣刀在切入切出时的受力分析如图 4-14（b）所示。图中 F_4 指的是切出时刀刃所受的力，F_3 指的是切入所受的力，两者对工件的影响如下：

（1）刀具切出时所受的力 F_4 方向指向靠近工件，该作用力容易使工件过切，出现负公差，并且增加工件表面的粗糙度。

（2）切入时工件运动速度方向与刀具切线方向的线速度相反，该作用力有阻碍刀具转动的作用，将增大主轴电机的负荷。

（3）刀具切入时所受的力 F_3 的反作用力与工件运动方向相反，起阻碍工件运动的作用，因此将增加导轨电机的工作负荷，也将会增大机床的震动。

4. 顺铣和逆铣在竖直方向的受力分析

立铣刀都是采用左螺旋结构（即逆时针）的形式，而在进行加工时，刀具都是按顺时针方向旋转，因此，铣刀在加工时，与工件接触点所受的力如图 4-15 所示。

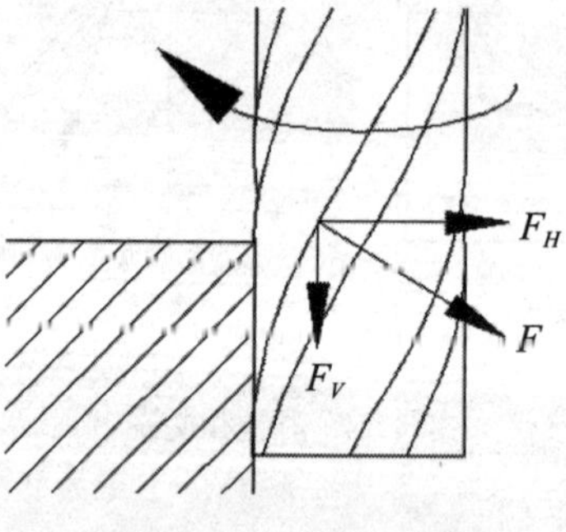

图4-15　与工件接触点所受的力

因为铣刀的主切削刃与工件的接触面是一个斜面，所以刀具受到的合力 F 垂直于该斜面而指向斜下方，由于合力 F 可以按任意方向分解，因此，该合力可以分解成一个水平方向的分力 F_H 及一个指向下方的垂直方向的分力 F_V。工件与刀具在相互作用力下，会出现如下的情况：

（1）在水平方向分力 F_H 的作用下，刀具会产生扭曲变形，致使加工出来的工件留有余量（顺铣时）或过切（逆铣时）。

（2）在垂直方向分力 F_V 的作用下，刀具会产生向下运动的趋势，如果刀具没有夹紧且铣刀底面无工件，那么刀具露出夹头的部分会越来越长（用麻花钻进行钻孔时，经常发生麻花钻露出夹头越来越长的现象，就是由这个原因造成的）。

（3）在垂直方向分力 F_V 的反作用力的作用下，如果工件没有压紧，工件会出现向上跳动的情况（在加工长而且薄的工件时，工件易发生向上变形，也是由这个原因造成的）。

4.5 切削运动

切削运动是指切削速度、进给量和切削深度，我们通常将其称为切削运动的三要素。

1. 切削速度 v

切削速度 v：是指切削加工时，刀刃上指定的点相对于工件主运动的速度，其单位为 m/s 或者 m/min，其值可由下面公式计算：

$$v = \frac{\pi dn}{1000} \tag{4-1}$$

式中：d 为工件或刀具上某一点的回转直径（mm），n 为主运动的转速（r/s）或者（r/min）。

2. 进给量 f

进给量 f：是刀具与工件在进给运动方向上二者之间的相对位移量，由于车床的主运动是旋转运动，其单位是用“毫米 / 转（mm/r）”表示，铣床的主运动是直线运动，其单位是 v_f 用“毫米 / 分钟（mm/min）”表示。

每齿进给量 a_f：对于用于铣床的多刃刀具，还可以用每齿进给量 a_f 来表示，其单位是“毫米 / 每齿（mm/z）”。

进给速度 v_f、主轴转速 n 和进给量 f 之间的换算关系如下：

$$v_f = n \cdot f = n \cdot a_f \cdot z \tag{4 2}$$

3. 切削深度

切削深度，也称为背吃刀量，一般指工件上已加工表面和待加工表面间的垂直距离，用 a_p 表示，其单位为“毫米（mm）”。

对于铣削加工，切削深度是指垂直于进给速度方向的切削层最大尺寸。

对于车削加工，切削深度是指已加工表面和待加工表面的直径差的 1/2，即

$$a_p = \frac{d_w - d_m}{2} \tag{4-3}$$

式中 d_w——待加工表面直径，mm；

d_m——已加工表面直径，mm。

对于钻削加工，切削深度是指所钻孔直径的 1/2，或者是麻花钻直径的 1/2，即

$$a_p = \frac{d}{2} \tag{4-4}$$

式中 d——麻花钻的直径，mm。

例 4-1: 加工中心主轴转速为 1000 转 / 分钟，刀具齿数为 4，每齿进给量为 0.025mm，求工作台的进给速度？（工作台的进给量单位：mm/min）

解：

$$v_f = n \cdot f = n \cdot a_f \cdot z = 1000 \times 4 \times 0.025 = 100 mm/min$$

答：工作台的进给速度为 100mm/min。

例 4-2：加工中心刀具的主轴转速为 1500 转 / 分，直径为 Φ25mm，求刀尖的切削速度？（切削速度的单位：mm/min）

解：

$$v = \frac{\pi dn}{1000} = 1500 \times 3.14 \times \frac{25}{1000} = 117.75\text{mm/min}$$

答：刀尖的切削速度为 117.75mm/min。

例 4-3：用直径为 Φ80mm 的硬质合金盘铣刀以 200mm/min 的铣削速度进行铣削，试问主轴转速为多少？

解：由公式（4-1）可知

$$v = \frac{\pi dn}{1000}$$

因此

$$n = \frac{1000v}{\pi d} = \frac{1000 \times 200}{3.14 \times 80} = 796\text{r/min}$$

答：主轴的实际转速可取 800r/min。

项目5 数控铣床编程基本知识

学习目标

- 掌握数控程序的格式
- 掌握数控程序段的组成
- 掌握G指令、M指令和其他指令的应用
- 掌握功能指令的属性

5.1 数控铣床加工程序的格式

要使数控机床自动完成给定的切削加工，就必须为其编制加工程序（NC程序）。在编程人员进行NC编程前，应先了解所选用的数控铣床的规格、型号和性能，系统所具有的功能，详细了解机床数控系统的编制说明书及指令格式，根据所设计的加工工艺，按机床规定的指令格式，编写NC程序。本节初步介绍数控机床NC程序的格式及NC编程步骤。

5.1.1 数控铣床程序格式

数控程序由一系列程序段组成，每一个程序段描述了准备功能、刀具轨迹、工艺参数以及辅助功能等。主要有准备性工艺指令（G指令）和辅助性指令（M指令）两大类，它们构成了程序的基础。为了满足设计、制造、维修和普及的需要，在输入代码、坐标系统、加工指令、辅助功能及程序格式等方面，国际上已经形成了两种通用的标准，即国际标准化组织（ISO）标准和美国电子工业学会（EIA）标准。我国根据ISO标准制定了JB3050-82《数字控制机床用七单位编码字符》、JB3051-1999《数字控制机床坐标和运动方向的命名》、JB3208-1999《数字控制机床穿孔带程序段格式中的准备功能G和辅助功能M代码》。但由于各个数控机床生产厂家所用的标准尚未完全统一，再加上ISO标准中留有一定范围的指令，允许各数控厂商用于定义其数控系统的功能，因此，其所用的代码、指令及其含义不完全相同，只有G01 ~ G04、G17 ~ G19、G40 ~ G42的含义在各系统中基本相同，G90 ~ G92、G94 ~ G97的含义在多数系统内相同，因此在编制程序时必须按所用数控机床编程手册中的规定进行。

常规加工程序由开始符、程序名、程序主体、程序结束指令和终止符组成。程序开始符与程序结束符是同一个字符：在 ISO 代码中是 %，在 EIA 代码中是 ER，程序结束指令可用 M02 或 M30，例如：

```
%;                              程序起始符
O0010;                          程序名
G90 G94 G40 G17 G21 G54;        以下为程序主体
G91 G28 Z0;
T1 M06;
S1000 M03;
G90 G00 X-16 Y200 Z20;
……
G00 Z30;
X0 Y0;
M05;
M30;                            程序结束
%                               程序终止符
```

1. 程序名

好比每个 Word 文件都有一个文件名一样，每个数控程序都必须指定一个程序名，以便存储在存储器中互相区别。在同一个控制器中的程序名不能重复。程序名写在程序的最前面，必须单独占一行。

不同的数控系统，程序名的格式不完全相同。在 FANUC 系统中，程序名的格式为 O××××，其中 O 为地址符，其后为 4 个阿拉伯数字（从 0000 ~ 9999）。在书写程序名时，数字前面的零可以省略不写，如 O0020 可以写成 O20。在 SIEMENS 系统中，程序名称可以由不超过 32 个字符（字母、数字、下划线）组成，但不包含分割符号。头两个字符必须是字母，例如：MPF100、WELLE 等。

2. 程序主体

程序主体是整个加工程序的核心，它由许多程序段组成，每个程序段由一个或多个指令字构成，表示数控机床中的全部加工动作。

3. 程序结束

程序结束由程序结束指令构成，它必须写在程序的最后。当机床在加工过程中，读到程序结束指令时，机床立即停止工作。可以作为主程序结束指令的指令有 M02 和 M30。

子程序的结束标记因不同的系统而有所不同，如 FANUC 系统中用 M99 表示子程序结束后返回主程序，而在 SIEMENS 系统中则通常用 M17、M02 或字符“RET”作为子程序的结束。

M02 与 M30 的共同点是：使主轴旋转、冷却液和 *X*、*Y*、*Z* 轴进给停止，并使控制系统复位。M02 与 M30 在有些系统上使用时是完全等效的，而在另一些系统上使用有如下不同：使用 M02 结束程序时，自动运行结束后光标停在程序结束处；而使用 M30 结束程序时，自动运行结束后光标和屏幕显示能自动返回到程序开头处，一按启动按钮就可以再次运行程序。

虽然 M02 与 M30 允许与其他程序字合用一个程序段，但最好还是将其单独列为一个程序段，或者只与顺序号共用一个程序段。

5.1.2 程序段的组成

1. 程序段的基本格式

程序段是程序的基本组成部分，每个程序段由若干个地址字构成，而地址字又由表示地址的英文字母、特殊文字和数字构成，这些地址字分别表示不同的含义，比如：

N100 G01 X100 Y50 Z20 F300;

上面一行字符是一个程序段，该程序段由 6 个地址字构成，其中 N100 是第一个地址段，是程序段序号；G01 是第二个地址段，表示直线插补；X100 是第三个地址段，表示 *X* 坐标值是 100；Y50 是第四个地址段，表示 *Y* 坐标值是 50；Z20 是第五个地址段，表示 *Z* 坐标值是 20；F300 是第六个地址段，表示进给速度是 300mm/min。

2. 程序段号

程序段号的一般格式为 N××××，由字母“N”和若干位阿拉伯数字组成，在大部分系统中，程序段号仅作为“跳转”和“程序检索”的目标位置指示，除此之外，没有其他实际意义。相反，如果在数控程序中使用太多的程序段号，会使程序所占的内存空间较大，占用较多的存储器空间。由于操作面板中内存空间有限，对于存储在控制器中的数控程序，建议尽量省略程序段号。

3. 程序的斜杠跳跃

在编程数控程序时，有时候在程序段的前面加上“/”符号，该符号称为斜杠跳跃符号，添加了“/”符号的程序段称为可跳跃程序段，例如：

/N100 G01 X100 Y100 F500;

对于添加了“/”的程序段，可以由机床操作人员对程序段和机床运动情况进行控制，当在数控系统的控制器中设置使“跳过程序段”信号生效时，程序在执行过程中将跳过添加了“/”的程序段；当“跳过程序段”信号设置为无效时，程序在执行过程中将执行添加了“/”的程序段，即该程序段与不添加“/”符号的程序段相同。

4. 程序段注释

为了方便检查、阅读数控程序，可以在程序段的后面添加注释。注意：注释对机床的运动不起任何作用。在 FANUC 系统中，程序段的注释用“（ ）”括起来，而且必须放在程序段的最后面，不允许将注释插在程序段的中间，例如：

```
O0010;                          (PROGRAM NAME-10)
G90 G94 G40 G17 G21 G54;        (G54)
G91 G28 Z0;
T1 M06;                         (TOOL 01)
```

对于 FANUC 数控系统来说，程序注释不识别汉字，而国产的华中系统就能识别汉字。

5.2 数控铣床 G 指令

G 指令又称为 G 功能指令、准备功能指令，是数控机床完成某些动作或某些设置的指令，它的地址由 G 和后面的两位数字组成，从 G00 到 G99 共 100 种 G 指令。目前，随着数控系统功能不断增加，100 种 G 指令已不能满足需求，因此有的系统已采用三位数的功能指令，如 SIMENS 系统中的 G450、G451 等。

从 G00 到 G99，虽然有 100 种 G 指令，但并不是每种指令都有实际意义。有些指令并没有指定其功能，即“不指定”，这些指令主要是用来修改标准指定新的功能。还有一些指令，即使在修改标准时，也永不指定其功能，这些指令可由机床设计者根据实际情况，自行规定其功能，但必须在机床出厂时在说明书中给予明确说明。

G 指令是建立坐标平面、坐标系偏置、刀具与工件相对运动轨迹（插补功能）以及刀具补偿等多种加工操作方式的指令，范围由 G00 到 G99，G 指令的功能见表 5-1。

表 5-1　FANUC oi 系统 G 指令一览表

G 代码	组别	功能	程序格式及说明
G00	01	快速定位	G00 X _ Y _ Z _
G01		直线插补	G01 X _ Y _ Z _ F _
G02		顺时针圆弧插补	G02 X _ Y _ R _ F _　G02 X _ Y _ I _ J _ F _
G03		逆时针圆弧插补	G03 X _ Y _ R _ F _　G03 X _ Y _ I _ J _ F _

续表

G 代码	组别	功能	程序格式及说明
G04	00	暂停	
G05		不指定	
G06		不指定	
G07		圆柱插补	
G08		不指定	
G09		正确停止	G09 X _ Y _ Z _
G10		程式参数输入	
G11		程式参数输入取消	
G12		不指定	
G13		不指定	
G14		不指定	
G15	17	极坐标指令取消	
G16		极坐标指令生效	
G17	02	平面选择 *X-Y*	
G18		平面选择 *Y-Z*	
G19		平面选择 *Z-X*	
G20	06	英制指令	
G21		公制指令	
G22	04	存储行程检测接通	G22 X _ Y _ Z _ I _ J _ K _
G23		存储行程检测断开	
G24		不指定	
G25		不指定	
G26		不指定	
G27	00	参考原点检查	G27 X _ Y _ Z _
G28		参考原点复归	G28 X _ Y _ Z _
G29		开始点复归	G29 X _ Y _ Z _
G30		返回第 2 ~ 4 参考点	G30 P2/P3/P4 X _ Y _ Z _
G31		跳跃机能	G31 X _ Y _ Z _
G32		不指定	

续表

G 代码	组别	功能	程序格式及说明
G33	01	螺纹切削	G33 X _ Y _ Z _ F _
G34		变螺距螺纹车削循环：增加螺距	
G35		变螺距螺纹车削循环：减少螺距	
G36		圆弧固定循环	
G37	00	自动刀具长度测定	G37 X _ Y _ Z _
G38		刀具径补正向量指定	
G39		拐角偏置圆弧插补	G39；或 G39 I _ J _
G40	07	刀具径补正取消	
G41		刀具左补正	G41 G00/G01/GO2/G03 X _ Y _ Z _ D _
G42		刀具右补正	G42 G00/G01/GO2/G03 X _ Y _ Z _ D _
G43	08	刀具长设定（+）	G43G01Z _ H _
G44		刀具长设定（—）	G44G01Z _ H _
G45	00	刀具位置偏置加	G45G00G01 X _ Y _ Z _ D _
G46		刀具位置偏置减	G46G00G01 X _ Y _ Z _ D _
G47		刀具位置偏置加二倍	G47G00G01 X _ Y _ Z _ D
G48		刀具位置偏置减半	G48G00G01 X _ Y _ Z _ D _
G49	08	刀具长设定取消	G49
G50	11	比例缩放取消	G50
G51		比例缩放有效	G51 X _ Y _ Z _ P _ 或 G51 X _ Y _ Z _ I _ J _ K _
G52	00	局部坐标系设定	G52 X _ Y _ Z _
G53		机械坐标系选择	G53
G54	14	工件坐标系 1	
G55		工件坐标系 2	
G56		工件坐标系 3	
G57		工件坐标系 4	
G58		工件坐标系 5	
G59		工件坐标系 6	
G60	00	单方向定位	G60 X _ Y _ Z _

续表

G 代码	组别	功能	程序格式及说明
G61	15	正确停止检查模式	
G62		自动转角进给率调整	
G63		攻牙模式	
G64		切削模式	
G65	00	宏程序非模态调用	G65P _ L _ <自变量指定>
G66	12	宏程序模态调用	G66P _ L _ <自变量指定>
G67		宏程序模态调用取消	G67
G68	16	坐标回转有效	G68 X _ Y _ Z _ R _
G69		坐标回转取消	G69
G70	09	使用者固定循环	
G71		使用者固定循环	
G72		使用者固定循环	
G73		深孔钻循环	G73 X _ Y _ Z _ R _ Q _ F _
G74		左螺纹攻牙循环	G74 X _ Y _ Z _ R _ P _ F _
G75		使用者固定循环	
G76		精镗孔循环	G76 X _ Y _ Z _ R _ Q _ P _ F _
G77		使用者固定循环	
G78		使用者固定循环	
G79		使用者固定循环	
G80		固定循环取消	
G81		钻孔 / 锪孔循环	G81 X _ Y _ Z _ R _
G82		钻孔 / 镗孔循环	G82 X _ Y _ Z _ R _ P _
G83		深钻孔循环	G83 X _ Y _ Z _ R _ Q _ F _
G84		攻牙循环	G84 X _ Y _ Z _ R _ P _ F _
G85		镗孔循环	G85 X _ Y _ Z _ R _ F _
G86		镗孔循环	G86 X _ Y _ Z _ R _ P _ F _
G87		反镗孔循环	G87 X _ Y _ Z _ R _ Q _ F _
G88		镗孔循环	G88 X _ Y _ Z _ R _ P _ F _
G89		镗孔循环	G89 X _ Y _ Z _ R _ P _ F _

续表

G代码	组别	功能	程序格式及说明
G90	03	绝对值指令	G90G01 X _ Y _ Z _ F _
G91		增量值指令	G91G01 X _ Y _ Z _ F _
G92	14	机械坐标系设定	G92 X _ Y _ Z _
G93		不指定	
G94	05	每分钟进给	
G95		每转进给	
G96	13	恒速度进给	G96S200(200mm/min)
G97		每分钟转数	G97S800(800r/min)
G98	10	固定循环返回初始点	G98 G8 _ X _ Y _ Z _ R _ F _
G99		固定循环返回 R 点	G99 G8 _ X _ Y _ Z _ R _ F _

1. 单位设定指令 G20、G21

G20 是设置英制单位，G21 是设置公制单位，例如：

G20 G01 Y50.0 F100；（设为英制，表示刀具向目标坐标 Y = 50.0in 处移动）

G21 G01 Y50.0 F100；（设为公制，表示刀具向目标坐标 Y = 50.0mm 处移动）

2. 绝对值编程 G90 和相对值编程 G91

在数控程序段中，G90 表示绝对坐标指令，坐标功能字后面的数字表示的是绝对坐标值；G91 表示相对坐标指令，坐标功能字后面的数字表示的是目标坐标值与当前坐标值的相对值。

现在分别用绝对坐标值和相对坐标值，编写图 5-1 中从①→②→③的数控程序。

图例		G90 编程	G91 编程
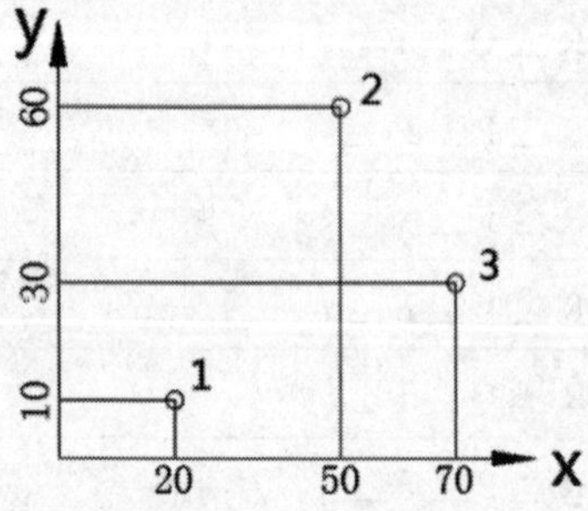	起始点①	N10G90X20Y10；	N10G90X20Y10；
	①→②	N20X50Y60；	N20G91X30Y50；
	②→③	N30X70Y30；	N30X20Y−30；

图5-1 绝对值编程和相对值编程

G90 与 G91 属于同组模态指令，系统默认是 G90 指令，在实际编程时，选择合适的编程方式，可以使程序简化。

3. 设定加工平面指令 G17、G18、G19

G17 设定 *XY* 平面为加工平面，G18 设定 *ZX* 平面为加工平面，G19 设定 *ZY* 平面为加工平面。系统默认 G17，该组指令用于选择进行圆弧插补和刀具半径补偿时使用。

值得注意的是，移动指令与平面选择无关，如执行程序段“G17G01Z30”时，*Z* 轴照样会移动。

5.3 数控铣床 M 指令

M 指令即数控机床标准 M 代码，也称为输助功能，用于指定主轴的旋转方向、启动、停止，作为冷却液的开关，工件或刀具的夹紧和松开，刀具的更换等。辅助功能字由地址符 M 和其后的两位数字组成。JB3208-83 标准中规定辅助功能如表 5-2 所示。

表 5-2 M 代码功能表

M 指令	功能	说明	M 指令	功能	说明
M00	程序停止	非模态量	M07	2 号切削液开启	模态量
M01	程序暂停	非模态量	M08	1 号切削液开启	模态量
M02	程序结束	非模态量	M09	切削液关闭	模态量
M03	主轴正转	模态量	M30	程序结束，返回程序开头	非模态量
M04	主轴反转	模态量	M98	调用子程序	非模态量
M05	主轴停止	模态量	M99	子程序结束	非模态量
M06	刀具交换	非模态量			

1. 暂停指令 M01

为了方便机床操作人员更换刀具、检测工件、重新装夹工件或者手动变换挡位等，在编写程序的过程中，在程序中插入 M01 指令。当程序在执行过程中，遇到 M01 指令时，程序将暂时停止光标所在的程序段，机床处于暂时停止状态，此时机床的主轴停止旋转、各坐标轴停止进给、冷却液停止冷却，但机床的现有的模态信息保持不变。当机床需要执行后续程序段时，按操作面板上的“启动键”即可启动机床。

2. 程序结束指令 M02

M02 单独作为一个程序段，位于数控程序的结尾处。当程序执行到 M02 指令时，光标位于程序的结尾处，机床的主轴、进给及冷却冷全部停止。若要重新执行该程序，就需要按一下操作面板上的“RESET”键，光标返回程序头后，再按下“启动键”即可启动机床。

3. 程序结束，光标返回到程序头指令 M30

M30 单独作为一个程序段，位于数控程序的结尾处。当程序执行到 M30 指令时，光标返回程序头，机床的主轴、进给及冷却冷全部停止。若要重新执行该程序，可直接按下“启动键”即可启动机床。

4. 子程序调用并返回指令 M98、M99

M98 用于调用子程序，调用方法是在需要调用子程序的位置添加一个程序段：M98+O××××（O×××× 为子程序名）。在子程序的结尾处，M99 单独作为一个程序段，表示子程序结束，并返回主程序。

5. 主轴旋转控制指令 M03、M04、M05

M03 控制主轴以顺时针方向旋转，M04 控制主轴以逆时针方向旋转，M05 主轴停止旋转。如 S1000M03，表示主轴转速为 1000r/min，顺时针旋转。

6. 换刀指令 M06

M06 是换刀指令，用于具有刀库的数控铣床、车床或加工中心。当需要换 3 号刀时，直接输入 M06T03，当程序执行到这个指令时，将主轴上的刀具放回到它自己的刀位上，而将 3 号刀自动安装到主轴上。

7. 冷却液开、停指令 M08、M09

M08 为冷却液打开指令，M09 为冷却液关闭指令，其中 M09 为默认指令。

5.4 其他指令

1. 坐标功能

坐标功能用于设定机床各坐标的位移量，其中 3 轴铣床的绝对坐标用 *X*、*Y*、*Z* 表示，相对坐标分别对应用 *U*、*V*、*W* 表示，5 轴铣床的绝对坐标用 *X*、*Y*、*Z*、*B*、*C* 表示，相对坐标分别对应用 *U*、*V*、*W* 表示，*B*、*C* 分别表示 *X*、*Y* 的旋转角度，用 *A* 表示 *B*、*C* 轴的定位点。

在圆弧指令中，*i* 表示圆心相对于圆弧起点在 *X* 方向的增量，*j* 表示圆心相对于圆弧起点在 *y* 方向的增量，*k* 表示圆心相对于圆弧起点在 *Z* 方向的增量。

2. 刀具功能

刀具功能用字符 T 以及后面的一组数字表示。常用刀具功能的指定方法有 T+4 位数法和 T+2 位数法。

1）T+4 位数法

4 位数中，前面 2 位数用于指定刀号，后面 2 位数用于指定刀具补偿存储器号。刀具号和刀具补偿存储器号可以相同，也可以不相同。如 T0202 表示选用第 2 号刀，选 2 号刀具补偿存储器中的补偿值；而 T0304 表示选用第 3 号刀，选 4 号刀具补偿存储器中的补偿值。FANUC 数控系统以及部分国产数控车床采用 T+4 位数法。

2）T+2 位数法

该指令仅指定了刀具号，刀具存储器号由其他指令（如 D 或 H 指令）进行指定。刀具号和刀具补偿存储器号可以相同，也可以不相同。如 T03D04 表示选用第 3 号刀，选 4 号刀具补偿存储器中的补偿值。数控铣床以及加工中心普遍采用 T+2 位数法。

3. 进给功能

进给功能用于指定刀具相对于工件的运动速度，由地址符 F 和其后面的数字组成。根据加工的需要，分为每分钟进给和每转进给两种。

1）每分钟进给

用于直线运动，单位为“毫米 / 分钟（mm/min）”。在数控铣床中，G94 专用于指定每分钟进给方式，例如：

G94 G01 X50.0 Y100.0 F300；（进给速度为 300mm/min）

2）每转进给

多用于车床，单位为“毫米 / 转（mm/r）”，指的是工件每旋转一周，刀具前进的距离。G95 专用于指定每转进给方式，例如：

G95 G33 Z−50.0 F2；（进给速度为 2mm/r，G33 表示加工螺纹）

G95 G01 Z−100 F0.2；（一般用于加工外圆，进给速度为 0.2mm/r）

F 指令属于模态指令，如果在前面的程序段中没有 F 指令，在当前的程序段中也没有 F 指令，则机床将会不运动，有的机床还会出现报警。

4. 主轴功能

用来控制主轴转速的功能称为主轴功能，由地址符 S 及其后面的 组数字组成，根据加工的实际需要，可以分为恒转速 S 和恒线速度 S 两种。

1）恒转速 S

恒转速是指在加工过程中，不论加工到什么位置，主轴的转速保持恒定不变，单位是“转 / 分钟（r/min）”，由准备功能 G97 指定，如：

G97 S1000 M03；（主轴转速为 1000r/min）

2）恒线速度 S

指车床在加工外圆时，工件的光洁度直接受线速度的影响，有时工件的外圆在不同位置的直径并不相等，如图 5-2 所示。

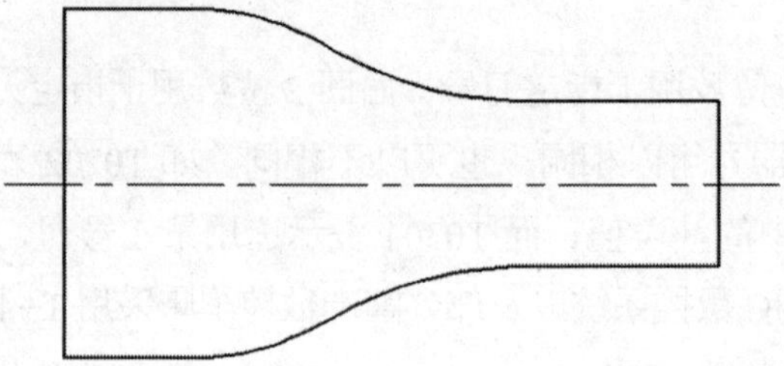

图5-2　工件外圆的直径一般不相等

在圆周上，线速度与半径成正比，即：

$$线速度\ V = 半径\ R \times\ 角速度\ \omega$$

因此，直径大的圆周，线速度也越大，为了保证在加工不同直径的外圆时，各个位置的光洁度相同，就必须使刀具在加工不同直径的位置时，自动调整工件的转速，以达到使各处的线速度相同，这种功能就称为恒线速度，单位是“米 / 分钟，（m/min）”，用准备功能 G96 来实现，格式如下。

```
G96 M03 S100;          （刀具与外圆周的相对速度恒为 100m/min）
```

5. 主轴启动、停止功能

数控铣床的主轴可以正转、反转和停止，分别由辅助功能 M03/M04/M05 控制，其中 M03 表示主轴正转、M04 表示主轴反转、M05 表示主轴停止转旋，其指令格式为：

```
G97 M03 S1000;    （主轴按恒转速转动，顺时针转动，转速为 1000r/min）
M05;              （主转停止转动）
```

5.5　常用功能指令的属性

1. 指令分组

所谓指令分组，就是将系统中不能同时执行的指令分为同一组，并以编号进行区别。例如，G00、G01、G02、G03 属于相同类型的指令，统一编为 01 组。其他同类型的指令还有很多。

同组指令具有相互取代的作用，同一组指令在同一个程序段中，出现两个或两个以上的同组指令时，后面的指令将会取代前在的指令，即只执行最后面的指令。有的系统将会出现报警。但对于不同组的指令，可以在同一程序段内进行不同的组合，例如：

G90 G94 G40 G21 G17 G54；（是正确的程序段，因为所有的指令来自不同的组）

G01 G02 X30 Y50 R30 F100；（是错误的程序段，因为 G01 和 G02 是同组指令）

G96 G97 S100；（是错误的程序段，因为 G96 和 G97 是同组指令）

2. 模态指令

模态指令又称为续效指令，表示该指令在某个程序段时指定后，在接下来的程序段中持续有效，直到出现同组的另一个指令为止，该指令才失效。如常用的 G00、G01、G02、G03 及 F、S、T 等指令。

在数控程序中，如果前、后程序段中有相同的模态指令，则可以在后续的程序段中省去前面程序段中已出现的相同模态指令，这样可以避免在程序中出现大量相同的指令，使程序变得清晰、简单。同样，尺寸功能字也具有模态指令的功能，即如果在前后程序段中出现相同的尺寸功能字，则在后面的程序段中可以省去相同的尺寸功能字，如在下面的程序中，有下划线的字符可以省去：

```
G01 X20.0 Y30.0 Z-50.0 F150.0;
G01 X30.0 Y30.0 Z-60.0 F150.0;
G02 X30.0 Y-20.0 Z-60.0 R20.0 F100.0;
```

以上程序可以写为：

```
G01 X20.0 Y30.0 Z-50.0 F150.0;
X30.0 Z-60.0;
G02 Y-20.0 R20.0 F100.0;
```

3. 非模态指令

仅在所在的程序段内才有效，在后续的程序段中失效的指令，称为非模态指令。非模态指令不具有持续有效的功能，如 G 指令中的 G04 指令，M 指令中的 M00 等指令。

对于模态指令与非模态指令的具体规定，不同的数控系统略有不同，在编程时，应查阅相关系统的说明书。

4. 开机默认指令

为了避免机床操作人员或编程人员在编程时出现指令遗漏，数控系统中对每一组指令，都选取其中一个作为开机默认指令，此指令在开机时或系统复位时将自动生效。

常见的开机默认指令有 G01、G17、G40、G54、G94、G97 等。例如，当程序段中没有 G96 或 G97 指令时，数控系统默认 G97 指令有效，如常用的程序“M03 S1000”，系统默认为“G97 M03 S1000”，含义是：恒转速，主轴正转，转速是

1000r/min。如果要求恒线速度转动，则必须在程序段中加上字符“G96”，如“G96 M03 S1000”。

5. 小数控点编程

在数控编程时，以公制为例，尺寸的单位可以分为两种：一种是以毫米为单位，一种是以机床脉冲当量为单位，现在大多数机床的脉冲当量为 0.001mm。

对于地址字符后面的数字，有的系统可以省略小数点，如 X60 与 X60.0 的坐标值是相同的，但有的系统则不可以省略小数点，如 X60 与 X60.0 是不相同的坐标值，X60 是以 0.001mm 为单位，表示 *X* 的坐标为 0.06mm，X60.0 以 1mm 为单位，表示 *X* 的坐标值为 60mm。对于不能省略小数点的系统，在编程时，地址字符后面的数字必须加上小数点，否则，对于没有小数点的数字，一律默认以机床脉冲当量为单位，即需乘以 0.001，相差 1000 倍。例如，比某些移到 *A* 点（30，20），用绝对坐标编程，可以有三种表达方式：

```
X30.0 Y20.0          （加上小数点）
X30. Y20.            （小数点后面的零可以省略）
X30000 Y20000        （脉冲当量为 0.001mm）
```

以上三组数值，均表示坐标值为（30，20），但有小数点与没有小数点的数值，两者相差 1000 倍，在输入数值时，容易出错。因此在进行数控编程时，不管是哪种系统，为保证程序的正确性，在输入地址符（X\Y\Z）后面的数值时，最好不要省略小数点。

项目 6 数控铣床编程常用指令

学习目标

- 了解数控系统中常用的编程指令以及应用方法
- 掌握 G00、G01、G02、G03、G90、G91、G92 等指令的应用
- 掌握刀具半径补偿的概念及其编程方法

6.1 插补类指令

1. 快速定位指令 G00

1）指令格式

G00 X__Y__Z__；

当使用绝对值编程时，*X*__*Y*__*Z*__ 为目标点的绝对坐标，当使用增量值编程时，*X*__*Y*__*Z*__ 为目标点相对于当前点的增量值，不运动的坐标可以不写。

2）指令说明

在执行快速定位 G00 指令时，刀具相对于工件以机床设定的速度，从当前位置快速移动到目标位置。G00 速度由机床参数设定，不能用 F 设定。在执行 G00 指令时，各轴快速移动的速度是相同的，当其中一个轴到达目标坐标值后，该轴立即停止移动，而未到达目标坐标值的轴，将继续移动。因此，各轴不一定同时到达目标点坐标。

例 6-1：试分析由当前点（0，0）快速移到（30，70）的运动轨迹，如图 6-1 所示。

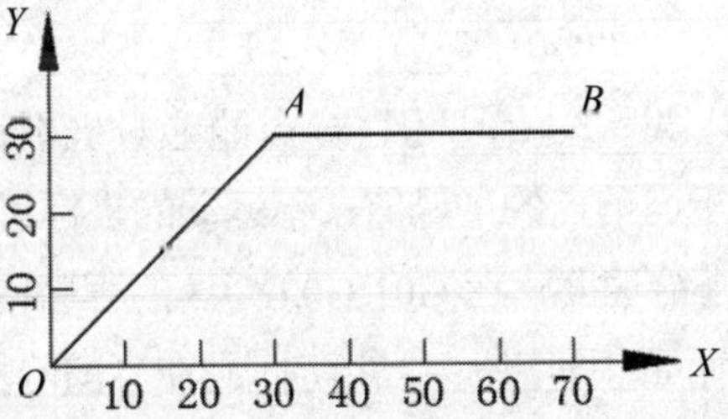

图6-1　G00快速移动轨迹图

解：

Step 01 在开始移动时，*X*轴和*Y*轴分别以相同的速度独立移动，因此，刀具移动的轨迹是从*O*点出发，向*A*点移动，*OA*与*X*轴的夹角是45°。

Step 02 当到达*A*点后，*Y*轴停止移动，然后沿*X*轴水平移动。

Step 03 当刀具到达目标坐标值*B*点后，停止移动。

从图 6-1 中可看出，在执行 G00 指令时，刀具与工件的相对运动轨迹不一定是一条直线，如果是 *X* 轴和 *Y* 轴联动，有可能是两条线段，如果是 *X* 轴、*Y* 轴和 *Z* 轴联动，有可能是三条线段，因此，在使用 G00 编程时，为了避免刀具与工件相撞，常见的编程方法是先将刀具沿不会与工件发生碰撞的轴移动，移到安全位置后，再沿其他轴移动。对于数控铣 / 加工中心，一般是先将 Z 轴移到安全高度，再对 *X* 轴和 *Y* 轴执行 G00 指令。例如：

```
G90 G00 X0. Y0. Z100.0；（使刀具由当前位置快速移到（0，0，100）位置）
```

由于刀具在移动过程中，不是一条直线，而是折线，为了避免刀具与工件发生碰撞，该程序段应改为：

```
G90 G00 Z100.0；          （使刀具由当前位置快速移到安全高度 Z = 100）
X0. Y0.；                 （再使刀具快速移到（0，0）位置）
```

对于初学编程的人员，在使用 G00 时，应格外小心，防止三轴联动执行 G00 指令，以免刀具与工件发生碰撞。由于 G00 的运动速度非常快，一般为 5000 ~ 10000mm/min，有可能损坏刀具和工件。

2. 直线插补指令 G01

G01 是直线插补指令，它控制刀具从当前坐标点到目标坐标点两点间的直线运动，属于模态指令。与 G00、G02、G03 或 G33 等指令属于同组指令，可互相取代，其中 G00 是默认指令。

1）指令格式

G01 X__Y__Z__F__；

当使用绝对值编程时，*X*__*Y*__*Z*__ 为目标点的绝对坐标；当使用增量值编程时，*X*__*Y*__*Z*__ 为目标点相对于当前点的增量值；不运动的坐标可以不写。

F 为刀具切削运动的进给速度，在 G01\G02\G03 的程序段中，必须含有 F 指令。F 指令属于模态指令，如果前面的程序段中已指定，则在当前的程序段中可以省略，否则，有的系统将会按 G00 速度进给，有的系统将会不动，有的系统将会出现报警。

2）指令说明

G01 指令要求各坐标轴以联动的形式，从当前坐标点同时出发，也同时到达目标点。在图 6-1 中，如果按直线插补指令 G01 从 *O*（0，0）运动到 *A*（30，70），则刀具的运动轨迹如图 6-2 所示。

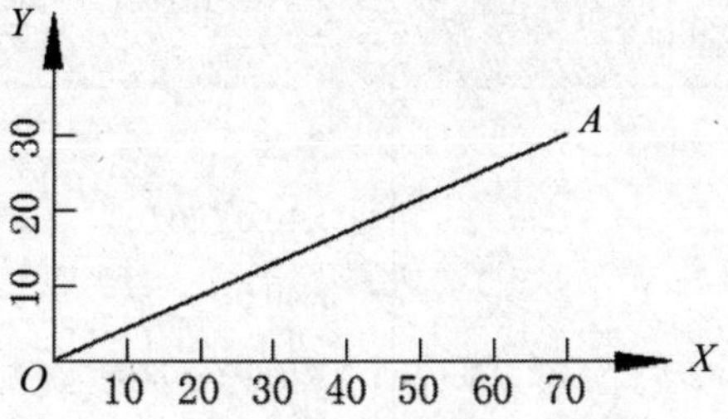

图6-2 G01直线插补运动轨迹图

但由于各个坐标轴移动的距离可能不相等，因此，运动轨迹 *OA* 与 *X* 轴的夹角也可能不等于 45°。

G01 是模态指令，具有继承性，如果在上一段程序中已选用 G01，则在当前程序段中可以省略不写。

例 6-2：已知待加工工件的轮廓如图 6-3 所示，深度为 −10mm，加工路径为 $O \to A \to B \to C \to D \to E \to F \to G \to H \to A \to O$，其中 $O \to A$ 与 $A \to O$ 按 G00 插补，其余按 G01 直线插补，试分别用绝对坐标和相对坐标进行编程。

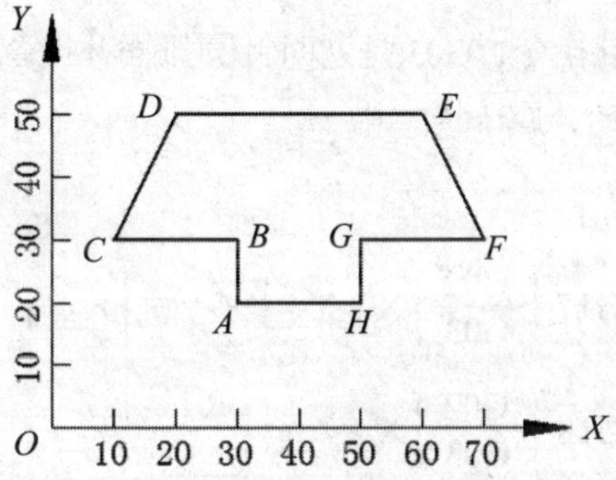

图6-3 工件轮廓

绝对坐标编程	相对坐标编程
O0001；	O0001；
G90G17G54G00Z100.0S1000M03；	G90G17G54G00Z100.0S1000M03；
X0.0Y0.0；	X0.0Y0.0；
Z5.0；	Z5.0；
X30.0Y20.0；	G91X30.0Y20.0；
G01Z-10 F500；	G01Z-15 F500；
Y30.0F300；	Y10.0F300；

绝对坐标编程	相对坐标编程
X10.0；	X-20.0；
X20.0Y50.0；	X10.0Y20.0；
X60.0；	X40.0；
X70.0Y30.0；	X10.0Y-20.0；
X50.0；	X-20.0；
Y20.0；	Y-10.0；
X30.0；	X-20.0；
Z5.0；	Z15.0；
G00Z100.0；	G90G00Z100.0；
X0.Y0.；	X0.Y0.；
M05；	M05；
M30；	M30；

3. 圆弧插补指令 G02、G03

G02 是顺时针圆弧插补指令，G03 是逆时针圆弧插补指令，它控制刀具从当前坐标点到目标坐标点的圆弧运动，属于模态指令。

1）指令格式

$$G17\left\{\frac{G02}{G03}\right\}X\_\_Y\_\_\left\{\frac{R\_\_}{I\_\_J\_\_}\right\}F\_\_\;;$$

$$G18\left\{\frac{G02}{G03}\right\}X\_\_Z\_\_\left\{\frac{R\_\_}{I\_\_J\_\_}\right\}F\_\_\;;$$

$$G19\left\{\frac{G02}{G03}\right\}X\_\_Z\_\_\left\{\frac{R\_\_}{I\_\_J\_\_}\right\}F\_\_\;;$$

其中 G17 是指圆弧在 *XY* 平面内或与 *XY* 平面平行的平面内，G18 是指圆弧在 *ZX* 平面内或与 *ZX* 平面平行的平面内，G19 是指圆弧在 *ZY* 平面内或 *ZY* 平面平行的平面内。

*X*__*Y*__*Z*__ 为圆弧终点坐标，其值可以是绝对坐标，也可以是增量坐标。如果是增量坐标，其值是圆弧终点坐标相对于圆弧起点坐标的增量值。

*R*_ 为圆弧半径。

*I*__*J*__*K*__ 为圆弧的圆心相对于其起点在 *X*、*Y*、*Z* 轴上的增量值。

例 6-3：用圆弧指令编写如图 6-4 中 *AB* 弧的轨迹。

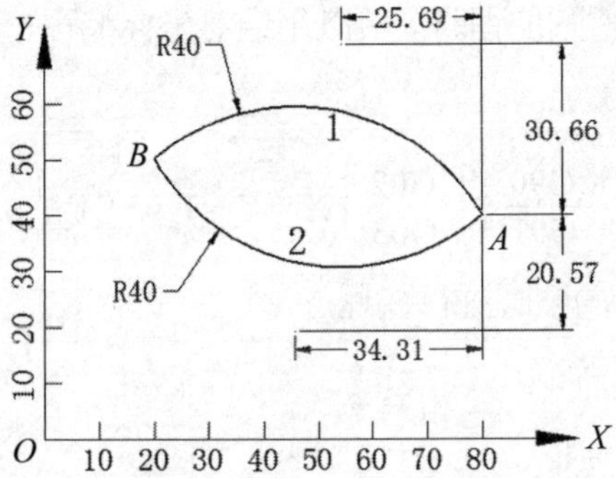

图6-4 编写从*A*到*B*圆弧的数控程序

```
AB1：G03 X20. Y50. R40. F1000;              （用圆弧半径编程）
    G03 X20. Y50. I-34.31 J-20.57 F1000;    （用圆心相对于起点增量编程）
AB2：G02 X20. Y50. R40. F1000;              （用圆弧半径编程）
    G02 X20. Y50. I-25.69 30.66 F1000;      （用圆心相对于起点增量编程）
```

2）指令说明

圆弧有优弧和劣弧之分，当圆心角小于或等于 180° 时，称为劣弧，如图 6-5 中的圆弧 *AB*1；当圆心角大小 180° 并且小于 360° 时，称为优弧，如图 6-5 中的圆弧 *AB*2。

优弧和劣弧的起点、终点、半径和方向都相同。为了区别，数控程序中劣弧的半径 *R* 用正值表示，优弧的半径 *R* 用负值表示。

例 6-4：编写 *AB*1 弧和 *AB*2 弧的数控程序（从 *A* → *B*）。

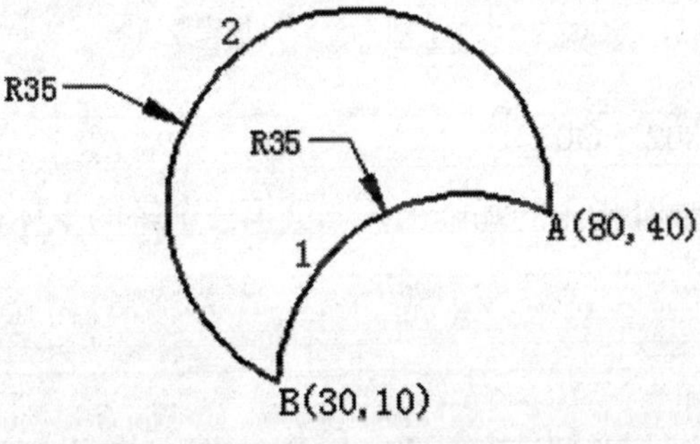

图6-5 *AB*1弧和*AB*2弧

```
AB1：G03 X30. Y10. R35. F1000;     （劣弧的半径为正）
AB2：G03 X30. Y10. R-35. F1000;    （优弧的半径为负）
```

3）整圆编程

进行整圆编程时，除了起点（终点和起点是同一个点）和半径外，还需要确定圆心点，才能进行整圆编程。进行整圆编程时。可以用绝对坐标编程，也可以用相对坐标编程，编程格式为：

$$\left\{\frac{G90}{G91}\right\}\left\{\frac{G02}{G03}\right\}X\_\ Y\_\ I\_\ J\_\ F\_\ ;$$

例 6-5：对图 6-6 所示的整圆进行编程。

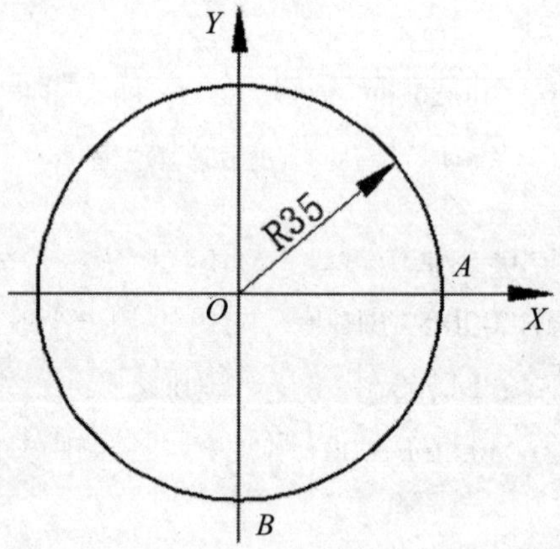

图6-6　整圆编程

	增量值编程	绝对值编程
以 *A* 点为起始点	G91G02X0Y0I-35.0J0F1000；	G90G02X35.0Y0I-35.0J0F1000；
以 *B* 点为起始点	G91G02X0Y0I0J35.0F1000；	G90G02X0Y-35.0I0J35.0F1000；

备注：以上为顺时针加工整圆，将G02改为G03，则为逆时针加工整圆。

4. **螺旋进给指令** G02、G03

在 G02、G03 圆弧插补指令的基础上，加上第三个轴的坐标，可以演变为螺旋进刀指令。

1）指令格式

$$G17\left\{\frac{G02}{G03}\right\}X\_\ Y\_\left\{\frac{R\_}{I\_\ J\_}\right\}Z\_\ F\_\ ;$$

$$G18\left\{\frac{G02}{G03}\right\}X\_\ Z\_\left\{\frac{R\_}{I\_\ J\_}\right\}Y\_\ F\_\ ;$$

$$G19\left\{\frac{G02}{G03}\right\}Y\_\ Z\_\left\{\frac{R\_}{I\_\ J\_}\right\}X\_\ F\_\ ;$$

2）指令说明

在第一个指令格式中，*X*_*Y*_ 是由 G17 平面选定的圆弧的终点坐标，其意义类似于圆弧进给，第三个坐标 Z__ 是与选定平面相垂直的轴的终点，螺旋进给的程序如图 6-7 所示。

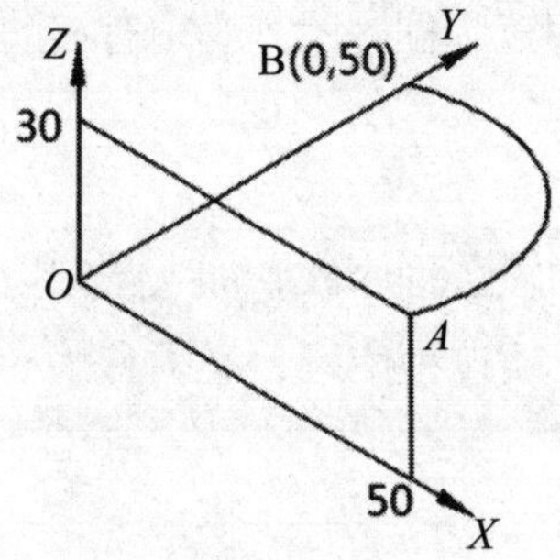

增量值编程（从 A 到 B）

G91G17G02X-50.Y50.R50.Z-30.F1000;

绝对值编程（从 A 到 B）

G90G17G02X0.Y50.R50.Z0.F1000;

图6-7 螺旋进给的程序

5. 倒角 C 和圆弧 R 过渡指令

在工件轮廓的拐角处，一般是由倒角或圆弧过渡，为了简化程序，倒角和拐角圆弧的编程，可以插入在轮廓程序段之间。

1）指令格式

C__；（倒角过渡，C 后面的数值为虚拟拐点到拐角起点和终点的距离）

R__；（圆弧过渡，R 后面的数值为圆弧半径的大小）

2）指令说明

虚拟拐点是假定不执行倒角 C 和圆弧 R 过渡指令时，两条轮廓曲线的交点。

使用倒角 C 和圆弧 R 过渡指令时，必须指定虚拟拐点的坐标。

倒角 C 和圆弧 R 过渡指令必须在第一段程序段（直线插补和圆弧插补程序段）的末尾处，且第二段程序段必须是倒角或倒圆角后的轮廓插补加工指令，否则不能加工出正确的加工轨迹。

例 6-6：对图 6-8 所示的倒角和倒圆角轮廓 ABCD 进行编程（从 A 到 D）。说明：刀具的实际加工轨迹为 ABCD，E 是 AB 和 CD 延长线的交点，是虚拟拐点。

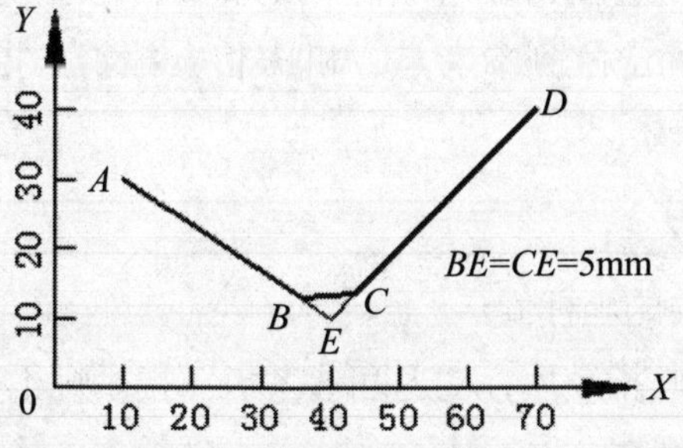

（a）倒角

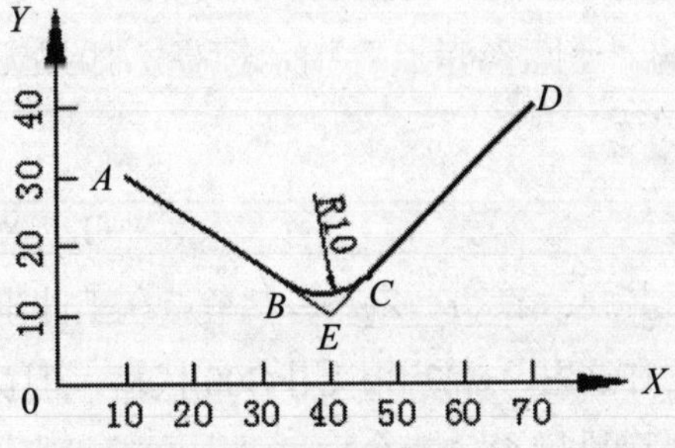

（b）倒圆角

图6-8 倒角C和倒圆角R轮廓指令示意图

解：图 6-8a 所示轮廓的编程为：

```
G90 G01 X40. Y10. F1000 C5.;          (第一段轮廓轨迹程序段，加入倒角指令)
X70. Y40.;                            (第二段轮廓轨迹程序段，必须有移动量)
```

图 6-8b 所示轮廓的编程为：

```
G90 G01 X40. Y10. F1000 R10.;         (第一段轮廓轨迹程序段，加入圆角指令)
X70. Y40.;                            (第二段轮廓轨迹程序段，必须有移动量)
```

6. 暂停指令 G04

暂停指令 G04 可使 *X*、*Y*、*Z* 停止进给，但主轴还处于旋转状态。在铣平面、锪孔时，可以降低加工表面的粗糙度，其指令格式为

G04 X__;

或

G04 P__;

地址 *X*__ 后面的数值可以有小数点，也可以没有小数点。如果有小数点，如 *G*04 *X*3.0，表示暂停时间为 3 s；如果没有小数点，如 *G*04 *X*3，表示暂停时间为 3ms。地址 *P*__ 后面的数值不允许带小数点，单位为 ms。如 *G*04 *P*4000，表示暂停时间为 4 s。

6.2　返回参考点指令 G27、G28、G29

要返回机床参考点的操作，除了在操作面板上按下“归零”按钮可以实现外，还可以通过编程指令实现该操作。常见的返回机床参考点的指令主要有 G27、G28、G29 三种，这三种指令均为非模态指令。

1. 返回参考点指令

执行该指令时，按快速定位指令 G00 准确定位到参考点后，则操作面板上对应轴的“返回参考点”指示灯亮。如果无法准确定位到参考点，机床将会报警。指令格式为

G27 X__Y__Z__;

其中，*X*__*Y*__*Z*__ 是参考点在工件坐标系中的坐标值。

在这里，G27 可以用 G00 代替，但执行 G00 指令后，“返回参考点”指示灯不亮，而正确执行 G27 指令后，“返回参考点”指示灯亮。

为了防止刀具与工件发生碰撞现象，应将返回参考点指令分成两段，即

G27 Z__；　　先将刀具提升至安全高度后，*Z* 轴指示灯亮。
G27 X__Y__；　　再执行 *X__Y__* 后，*X*、*Y* 轴指示灯亮。

例 6-7：从坐标点 *A*（10，10，10）返回到坐标点 *B*（70，40，50），如图 6-9 所示。

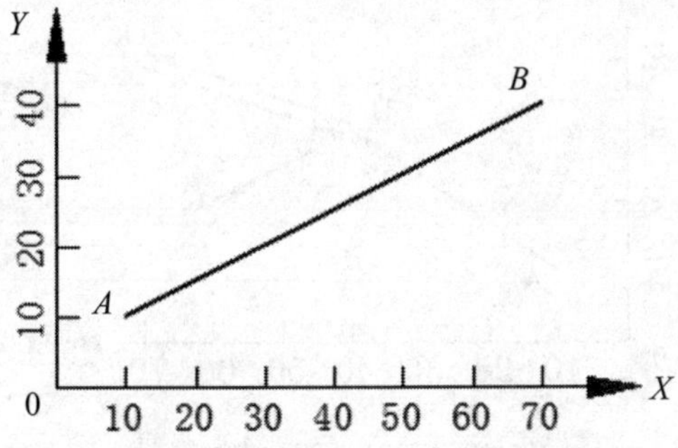

图6-9　从坐标点*A*返回到坐标点*B*

增量值编程	绝对值编程	解释
G91G27Z40.;	G90G27Z50.;	到达目标位置后，*Z* 轴指示灯亮
G27X60.Y30.;	G27X70.Y40.;	到达目标位置后，*X*、*Y* 轴指示灯亮

2. 返回参考点指令 G28

执行 G28 指令时，刀具是先经过指定位置后，再返回机床坐标系的原点位置，指令格式为

G28 X__Y__Z__;

在返回参考点的过程中先经过指定位置的日的是为了防止刀具与工件发生碰撞，例：

G90 G28 Z50;

则刀具先快速定位到安全高度（*Z*50）后，再返回机床坐标系的参考点位置。

3. 从参考点返回指令

执行 G29 指令时，可以使刀具从机床坐标系的参考点出发，经过 G28 所指定的位置（*X*1__*Y*1__*Z*1__）后，再到达 G29 所指定的位置 *X*2__*Y*2__*Z*2__。G29 指令必须出现在 G28 程序段的后面，其指令格式为

G28 X1__Y1__Z1__;

G29 X2__Y2__Z2__;

例 6-8：刀具从当前的位置点 *A*（10，10，10），经过点 *B*（40，30，50）后，再到达机床参考点 *R* 位置，执行换刀指令，然后再返回点 *C*（60，20，10），如图 6-10 所示。

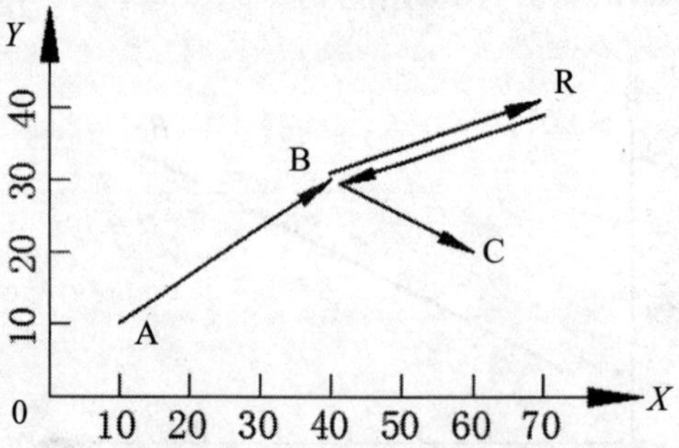

图6-10　G28与G29指令示意图

增量值编程	绝对值编程
G91G28 X30.Y20.Z40.; T1M06; G29X20.Y-10.Z-40.;	G90G28 X40.Y30.Z50.; T1M06; G29X60.0Y20.Z10.;

6.3　工件坐标系设定指令 G92

G92 可以用于指定工件坐标系。

1）指令格式

G92 X__Y__Z__;

其中，*X__Y__Z__* 是刀具当前位置在新设定的工件坐标系中的新坐标值。

例如：

G92 X100.Y200.Z50.;

表示的是通过 G29 指令重新建立了一个工件坐标系，并且刀具当前的位置位于新的工件坐标系的（*X*100.*Y*200.*Z*50.）处。

2）举例说明

例 6-9：刀具位于当前坐标系的（70，40，30）处，然后将当前位置通过 G92 指令建立一个新的坐标系，并使刀具位于新坐标系的（40，20，50）处，如图 6-11 所示。

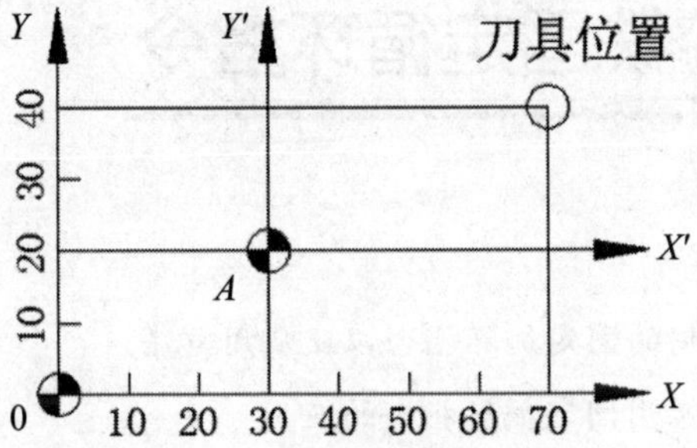

图6-11 用G92建立新的坐标系

解：程序如下

```
G90G54G00 X70.Y40.Z30.;
G92 X40.Y20.Z50.;
```

可以反推出新坐标系的原点在原坐标系中的位置为（30，20，-20）处。

注意：

（1）用 G92 设定的工件坐标系不具有记忆功能，当出现同组的指令（G52 ~ G59 后）后，将会被新的坐标系取代。或者在机床关机后，所设定的工件坐标系将会消失。

（2）在执行 G92 指令时，即使 *X*、*Y*、*Z* 坐标轴不动，但屏幕上的坐标值的大小也会发生变化。

项目 7　数控铣固定循环指令

学习目标

- 了解数控系统中常用的固定循环指令以及应用方法
- 了解 FANUC 系统常用固定循环指令的应用

7.1　固定循环指令的基本知识

在数控铣床与加工中心进行孔加工时，通常采用固定循环功能指令进行编程。正常使用固定循环功能指令，可以在一个程序段内编写某个孔加工的全部动作，包括进给、退刀、孔底暂停等，从而减少机床操作人员的编程工作量。FANUC 0i 系统数控铣床固定循环指令如表 7-1 所示。

表 7-1　FANUC 0i 系统数控铣床固定循环指令

G 代码	进给动作	孔底部动作	退刀动作	用途
G73	间歇进给	\	快速退刀	钻深孔
G74	切削进给	暂停、主轴正转	切削速度退刀	左螺纹攻牙
G76	切削进给	主轴准停	快速退刀	精镗孔
G80	\	\	\	取消固定循环
G81	切削进给	\	快速退刀	钻孔
G82	切削进给	暂停	快速退刀	钻孔、锪孔
G83	间歇进给	\	快速退刀	钻深孔
G84	切削进给	暂停、主轴反转	切削速度退刀	右螺纹攻牙
G85	切削进给	\	切削速度退刀	铰孔
G86	切削进给	准停、主轴停	快速退刀	镗孔
G87	切削进给	准停、主轴正转	快速退刀	反镗孔
G88	切削进给	准停、主轴停	手动退刀	镗孔
G89	切削进给	准停、暂停	切削速度退刀	镗孔

主轴准停是指加工中心为了完成某项特定的动作（比如自动换刀），主轴准确停止在某固定角度上。数控机床主轴准停的功能非常重要，例如为了完成刀具自动交换的动作过程，必须设置主轴准停机构。当刀具装入主轴时，主轴必须准确停在某固定的角度上，使刀柄上的键槽与突键对准，才能顺利换刀。由此可知，主轴准停是实现刀具自动交换过程的重要环节。

7.2 孔加工固定循环指令

1. 孔加工固定循环动作分析

孔加工固定循环动作通常由 6 部分组成，如图 7-1 所示。

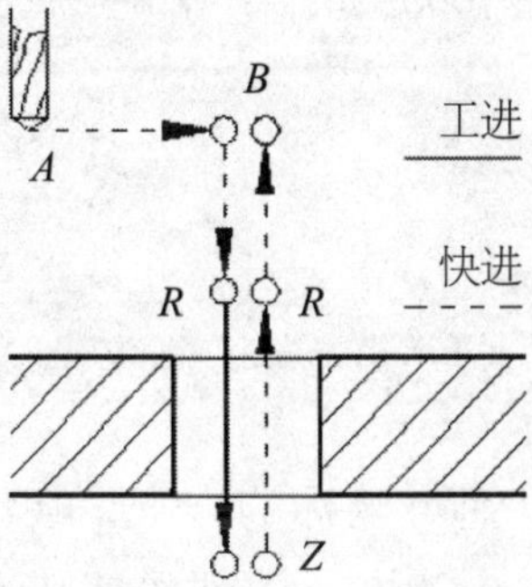

图7-1 固定循环动作示意图

Step 01 动作1：$A \rightarrow B$，在XY平面内由A点快速定位到B点。

Step 02 动作2：$B \rightarrow R$，快速进给至参考点R处，R点比工件高。

Step 03 动作3：$R \rightarrow Z$，从R点以切削速度进给至钻孔深度Z点。

Step 04 动作4：一般是在孔底部稍微停顿，确保孔底光洁度。

Step 05 动作5：$Z \rightarrow R$，将刀具从Z点提升至参考点R处。

Step 06 动作6：$R \rightarrow B$，从参考点R处快速提升至B点。

2. 孔加工固定循环的编程格式

G73（～G89）X__Y__Z__R__Q__P__F__K__;

其中，*X*__*Y*__：指孔在 *XY* 平面内的位置；

*Z*__：指孔的深度；

*R*__：指参考点所在的高度值；

*Q*__：当用 G73 或 G83 深孔加工时，刀具每次加工的深度，当用 G76 或 G87 精镗孔时，主轴准停后，刀具沿准停反方向的让刀量，单位为 1mm；

*P*__：指刀具在孔底的暂停时间，数字不加小数点，以毫秒为时间单位；

*F*__：指钻孔时的进给速度；

*K*__：钻孔时的循环次数，仅在增量编程中使用。

在实际编程中，并不是每种孔加工固定循环的程序都要用到上面的所有参数，不同的孔加工固定循环，参数略有不同，如：

G81 X20.Y30.Z-40.R5.F50；

在孔加工固定循环编程格式中，除 *K* 代码外，其他的参数都是模态参数。这些参数设定后，在后续的钻孔程段中不必重新设定相同的参数，只有在循环取消时，这些参数才会清除，例：

```
G90 G82 X20.Y30.Z-40.R5.P1000F50；
X30.Y40；
X50.Y60；
X70.Y80；
G80；
```

上述程序段的含义是：以绝对坐标的方式，在（20，30）位置处钻孔，深度为 −40.0mm，参考高度为 5.0mm，暂停 1s，进给速度为 50mm/min。

钻完第一个孔后，再分别在（30，40）、（50，60）、（70，80）处钻孔，钻孔的参数与第一个孔的参数完全一致。

3. 固定循环的平面

1）起始平面

也称为初始平面，如图 7-2 所示，使刀具在工件上方的某个平面移动（比如从一个孔的位置移到另一个孔的位置）时，不会与工件、夹具等发生碰撞的平面，该平面可以设定在任意一个安全高度上。

2）*R* 平面

R 是 Reference（参考）的第一个字母，也称为参考平面，如图 7-2 所示，该平面可以根据实际情况取 2 ~ 5mm。刀具从起始平面以快进的方式下降到 *R* 平面，然后改为切削进给的速度开始钻孔。

3）加工深度

是指加工的最低深度，如图 7-2 所示。加工盲孔（不通的孔）时，加工深度是指刀尖的最低深度平面。加工通孔时，除了要考虑加工深度的位置外，还要考虑刀具的超越量，以保证孔径都加工到尺寸。

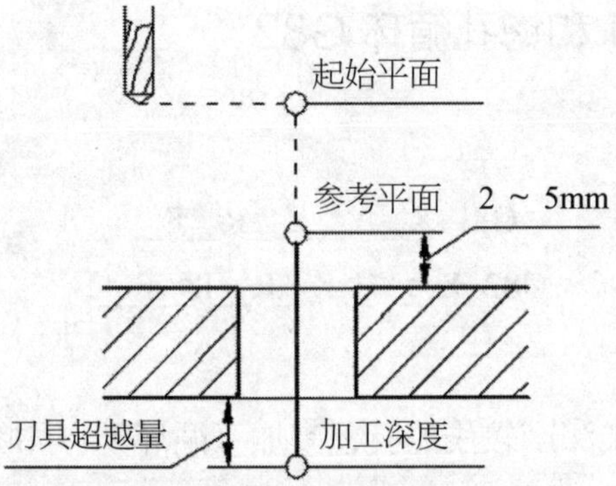

图7-2 固定循环平面

4. G98 与 G99 返回方式

当刀具加工到指定的深度后，刀具将以两种方式返回：一种方式是直接返回到起始平面，指令为 G98，另一种方式是返回到参考平面，指令为 G99。

1）G98 指令

G98 指令表示刀具加工至指定的深度后，以快进方式直接返回至起始平面，如图 7-3a 所示，是系统默认的返回方式。当钻孔循环中所有孔都加工完成之后，刀具将返回至起始平面。或者工件表面不平整，存在凸台或夹具等，刀具应先返回至起始平面后，再在孔与孔之间移动， G98 指令格式如下：

G98 G81 X__Y__Z__R__F__；

2）G99 指令

G99 指令表示刀具加工至指定的深度后，以快进方式返回至参考高度，如图 7-3b 所示。如果工件表面平整，不存在凸台或夹具等，刀具在孔与孔之间移动时，刀具可以只需返回至参考高度，G99 指令格式如下：

G99 G81 X__Y__Z__R__F__；

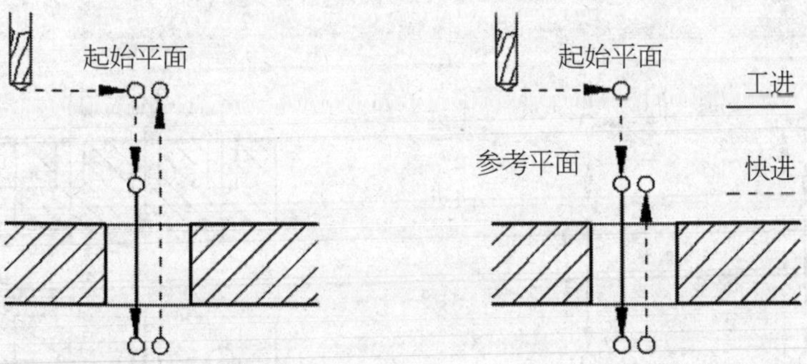

（a）G98返回方式　　（b）G99返回方式

图7-3 G98与G99返回方式比较

7.3 钻孔循环 G81 和锪孔循环 G82

1. 指令格式

G81 X__Y__Z__R__F__；

G82 X__Y__Z__R__P__F__；

2. 指令说明

G81 指令常用于加工深度较浅的孔，其加工循环动作如图 7-4 所示，刀具在起始位置以速度快速定位到指令中指定的 *X*、*Y* 坐标位置，再沿竖直方向快速进给到参考位置，然后以切削速度加工到指令中指定的 *Z* 坐标位置，再快速返回到起始平面（用 G98 G81 编程）或者返回到参考平面（用 G99 G81 编程）。

G82 指令在 G81 指令的基础上增加了暂停动作，以提高孔底表面的加工质量。如果程序段中不指定暂停参数 *P*，则该指令与 G82 指令完全相同。该指令常用于锪孔或加工台阶孔。

例 7-1：试用 G81 或 G82 指令编写图 7-5 所示孔的数控钻孔程序。

```
O0001；
N1 G17 G90 G94 G40 G80 G21 G54；
N2 G91 G28 Z0；
N3 S1000 M03 M08；
N4 G90 G00 Z50.；                              （初始平面为 50.0mm）
N5 G99 G82 X-8. Y0.Z−5.9R2.0P2000F30；         （钻头尖端长度为 0.9mm）
N6 X0；                                        （加工第二个孔）
N7 G98 X8.；                                   （加工第三个孔，返回起始高）
N8 G80 M05；                                   （取消固定循环，主轴停止）
N9 M30；                                       （程序结束，并返回程序头）
```

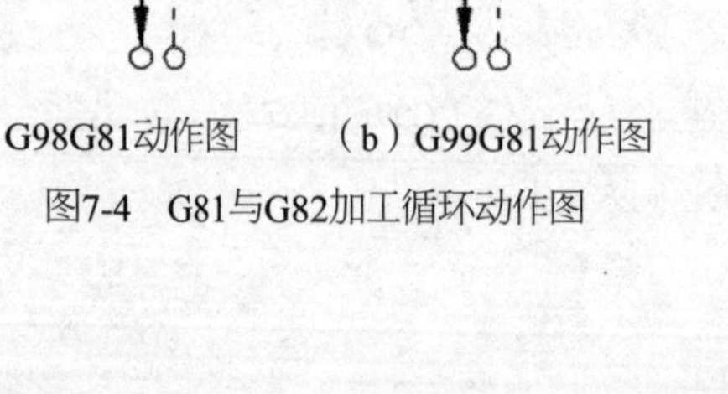

（a）G98G81动作图　　（b）G99G81动作图

图7-4　G81与G82加工循环动作图

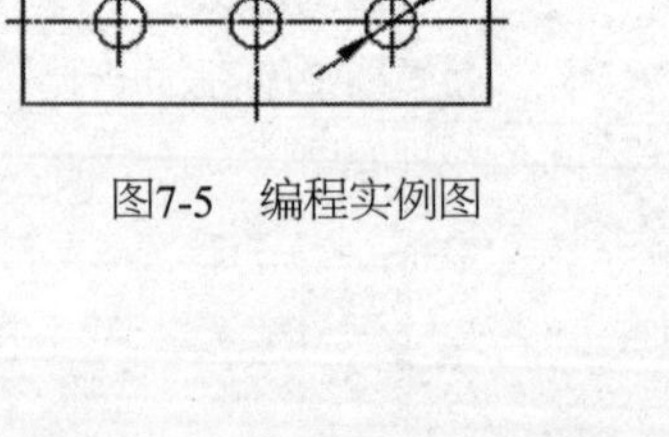

图7-5　编程实例图

7.4 高速深孔钻循环 G73 与深孔钻循环 G83

按照孔的深度与直径的比值，可以将孔分为三类：浅孔、深孔和细深孔。如果孔的深度与直径的比值小于 5，称为浅孔；如果孔的深度与直径的比值大于 5 而小于 10，称为深孔；如果孔的深度与直径的比值大于 10，称为细深孔。

在加工深孔时，由于散热较差、排屑困难、钻杆刚性差、钻头易损坏等原因，容易引起孔的轴线偏斜，从而影响加工的精度和生产效率。为了克服这种现象，加工深孔的固定循环指令与加工浅孔指令有所不同。

1. 指令格式

G73 X__Y__Z__R__Q__F__;

G83 X__Y__Z__R__Q__F__;

2. 指令说明

G73 指令动作如图 7-6a 所示，在加工过程中，刀具每次进给加工深度为 Q，然后往回提升距离为 d，从而实现断屑的目的。指令中的 Q 值是每次的加工深度（均为正值，且带小数点），图中的 d 值由系统设定（FANUC OM 由参数 0532 设定，单位为 μm）。当重复进给时，刀具快速下降，到 d 规定的距离时转为切削进给。

G83 指令动作如图 7-6b 所示，本指令适用于加工较深的孔，与 G73 不同的是刀具每次进给加工深度为 Q 后，然后往回提升至 R 点，这个动作可把切屑带出孔外，以免切屑将麻花钻的排屑槽塞满而增加钻削阻力。同时，当麻花钻再次进入深孔时，可以将切削液带入孔底区域，增加冷却效果。

例 7-2：试用 G73 或 G83 指令编写如图 7-7 所示的钻孔数控程序。

```
O0002;
N1 G17 G90 G94 G40 G80 G21 G54;
N2 G91 G28 Z0;
N3 G90 G00 Z50;
N4 S1000 M03 M08;
N5 G99 G73 X-8. Y4.75 Z-12. R3. Q1.F30;  （每次钻孔深度为 1mm）
N6 X0;
N7 X8;
N8 Y-4.75;
N9 X0;
N10 X-8;
```

```
N11 G80 M09;
N12 M05;
N13 M30;
```

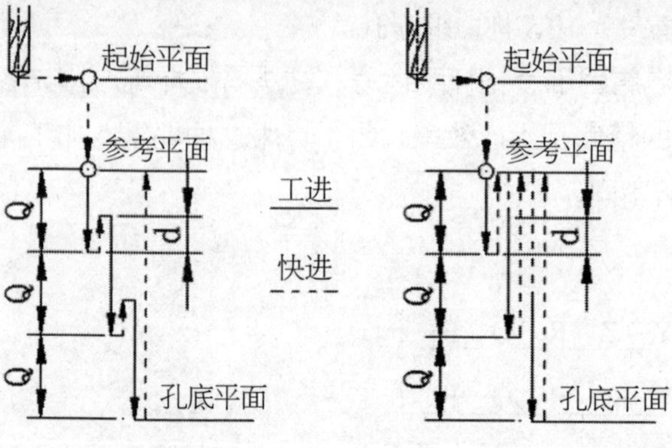

（a）G99G73动作图　　（b）G98G83动作图

图7-6　G73与G83动作图

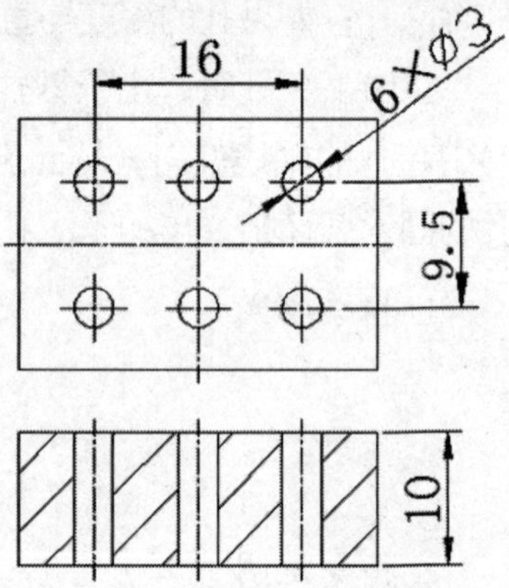

图7-7　G73与G83编程实例图

7.5　铰孔循环 G85

用麻花钻加工的孔的表面比较粗糙，只能用于粗加工。如果孔的内表面要求光滑，则必须用铰刀对孔的内表面进行铰削。

1. 指令格式

G85 X_Y_Z_R_F_;

2. 指令说明

当执行 G85 铰孔循环时，铰刀以切削进给的速度加工到孔的底部，然后以切削进给的速度返回到 *R* 平面，如图 7-8 所示。该指令常用于铰孔和扩孔，也可用于镗孔加工。

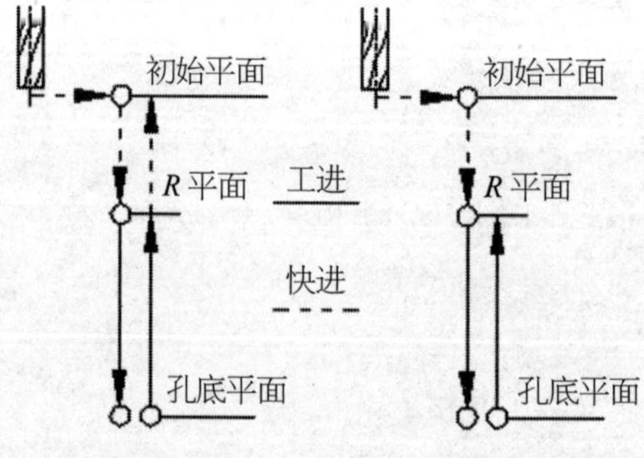

（a）G98G85动作图　　（b）G99G85动作图

图7-8　G85指令动作图

例 7-3：试用 G85 指令编写图 7-7 所示孔的铰孔数控程序。

```
O0003;
……
N5 G99 G85 X-8. Y4.75 Z-12. R3. F30;
……
```

提示：将例 7-2 程序中的 G73 改为 G85，其他不变，就可变成铰孔程序。

7.6 粗镗孔循环 G86、G88、G89

除了在前面介绍的 G85 可以用作镗孔指令外，还有 G86、G88、G89 三个指令可以用于镗孔，指令格式与 G85 的格式相类似，但这几个指令只能用于粗镗孔。

1. 指令格式

G86 X_Y_Z_R_P_F_;

G88 X_Y_Z_R_P_F_;

G89 X_Y_Z_R_P_F_;

2. 指令说明

当执行 G86 镗孔循环时，镗刀以切削进给的速度加工到孔的底部，然后主轴暂停旋转，再以快速进给的速度返回到 *R* 平面，主轴再次正轴，如图 7-9a 所示。采用这种方式退刀时，刀尖容易在工件内表面划出刮痕，因此该指令常用于精度或粗糙度要求不高的镗孔加工。

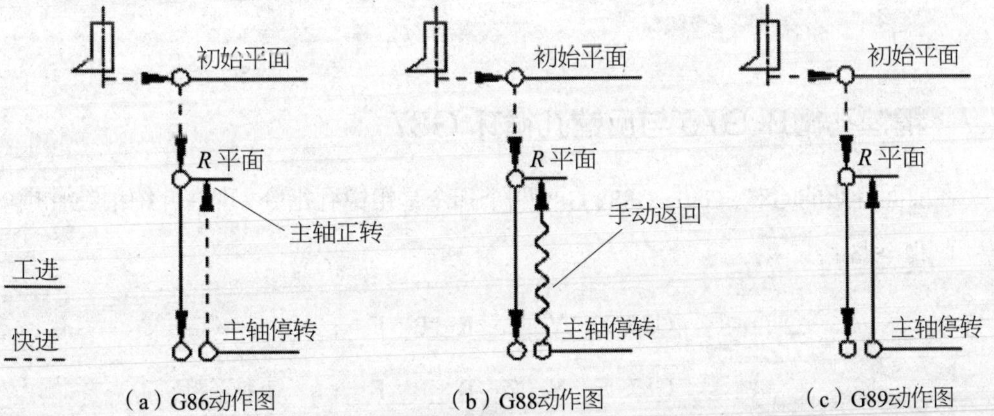

图7-9 G86、G88、G89指令动作图

当执行 G88 镗孔循环时，镗刀以切削进给的速度加工到孔的底部，然后主轴停止旋转，这时以手动方式将刀具从孔中退出，如图 7-9b 所示。采用这种方式退刀时，加工效率较低，常用于单件加工。

当执行 G89 镗孔循环时，镗刀动作与 G85 类似，不同的是，在 G85 动作的基础上在孔底增加了暂停（主轴停止进给，但正常旋转），如图 7-9c 所示。

例 7-4：试用粗镗孔指令编写图 7-10 所示 2 个 Φ50mm 孔（注意：其中一个是通孔，另一个是台阶孔）的数控镗孔程序。

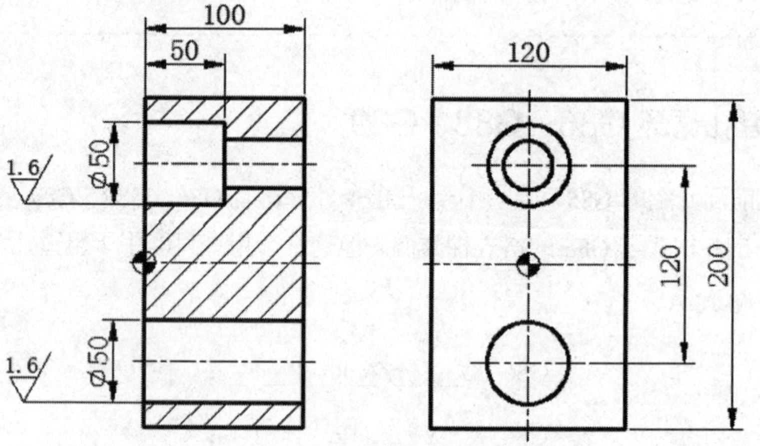

图7-10　镗孔编程示意图

```
O0004;
……
N5 G98 G89 X0 Y-60. Z-102. R3. F30;        （通孔，超越量为 2mm）
N6 Y60. Z-50. P1000;                        （台阶处暂停 1s）
N7 G80 M09;                                 （固定循环取消指令）
……
```

7.7　精镗孔循环 G76 与反镗孔循环 G87

在前面介绍的 G85、G86、G88、G89 四个指令是粗镗孔指令，现在介绍精镗孔指令。

1. 指令格式

G76 X__Y__Z__R__P__F__;

G87 X__Y__Z__R__P__F__;

2. 指令说明

当执行 G76 镗孔循环时，镗刀以切削进给的速度加工到孔的底部，然后主轴准停，刀具向刀尖的反方向移动 Q，使刀尖脱离工件表面，再以快速进给的速度返回到 R 平面或初始平面，主轴再次正轴，如图 7-11a 所示。该指令使刀具在退刀过程中不会划伤工件表面，常用于精密镗孔加工。

当执行 G87 镗孔循环时，镗刀的中心先快速对准孔的中心，然后主轴准停，刀具向刀尖的反方向移动 Q，再以快速进给的速度移到孔的底部，再向刀尖方向移动 Q，使刀具中心与孔的中心对齐；主轴再次正轴，以切削进给的速度从孔的底部加工到孔的口部，然后主轴再次准停，并向刀尖反方向移动 Q，快速提刀至初始平面，并向刀尖方向移动 Q，再次使刀尖中心与孔的中心对齐，主轴正转，循环结束，如图 7-11b 所示。该指令是从孔的底部加工至孔的口部，不会划伤工件表面，常用于精密镗孔加工。

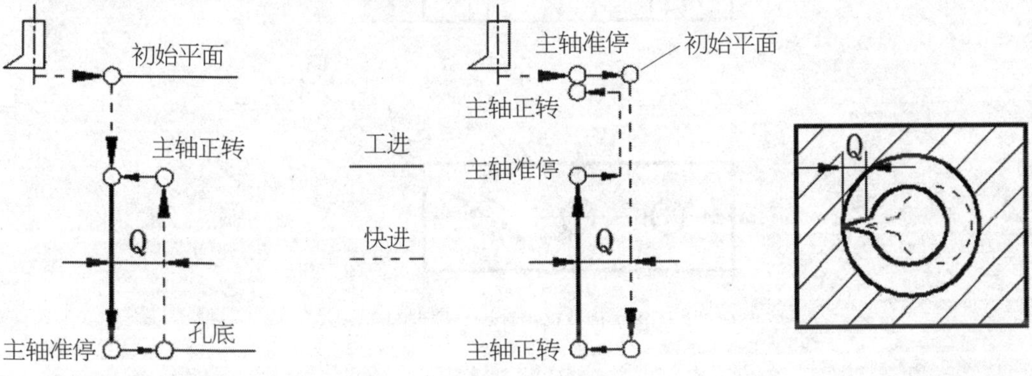

（a）G76 G99动作图　（b）G87G98动作图　（c）主轴准停图

图7-11　精镗孔指令动作图

例 7-5：试用精镗孔指令编写图 7-10 所示 2 个 Φ50mm 孔（注意：其中一个是通孔，另一个是台阶孔）的数控镗孔程序。

```
O0005；
……
N5 G98 G87 X0 Y-60. Z-102. R3. Q1.F30；   （偏移量为 1mm）
N6 G76 Y60. Z-50. Q1.P1000；              （偏移量为 1mm，台阶处暂停 1s）
N7 G80 M09；                              （固定循环取消指令）
……
```

例 7-6：试用精镗孔指令编写图 7-12 所示 3 个 Φ30mm 孔的数控镗孔程序。

```
O0006；
```

```
N1 G90 G54 G00 Z100.;
N2 X0.Y0.;
N3 S100M03M08;
N4 G98 G76 X-80. Z-62. R3. Q1.F30;
N5 X0;
N6 X80.;
N7 G80 M09;
……
```

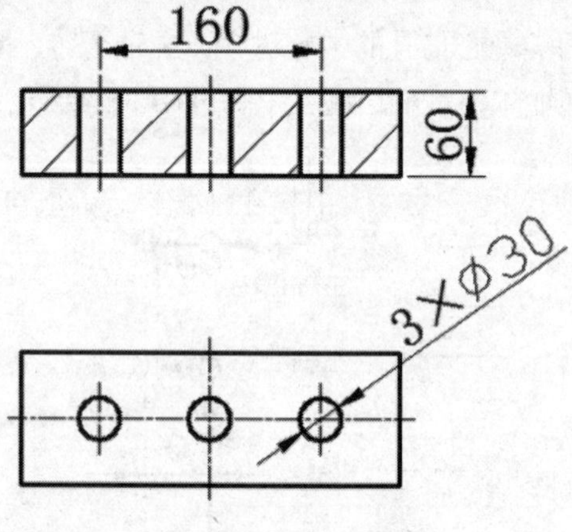

图7-12　精镗孔指令编程图

7.8　右螺纹循环 G84 与左螺纹循环 G74

1. 指令格式

G74 X__Y__Z__R__P__F__;

G84 X__Y__Z__R__P__F__;

2. 指令说明

指令中的 F 值指的是螺纹的导程，如果是单线螺纹，则为螺纹的螺距。

G74 为左旋螺纹攻丝指令，执行该循环时，主轴反转，在 G17 平面快速定位后，再快速移到 *R* 位置，然后进行攻螺纹，到达底部后，主轴正转退回到参考平面，主轴恢复反转，完成攻丝动作，如图 7-13a 所示。

G84 与 G74 的动作类似，为右旋螺纹攻丝指令，执行该循环时，主轴正转，在 G17 平面快速定位后，再快速移到 *R* 位置，然后进行攻螺纹，到达底部后，主轴反转退回到参考平面，主轴恢复正转，完成攻丝动作，如图 7-13b 所示。

例 7-7：试用攻丝循环编写如图 7-14 所示的 3 个螺纹孔的数控程序。

```
O0005；
……
N4 S50 M03 M08；                          （攻牙时的主轴转速要慢）
N5 G99 G84 X80. Y0. Z-10. R3. F1.5；      （螺距为 1.5mm）
N6 X0；
N7 X-80.；
N8 G80 M09；                              （固定循环取消指令）
……
```

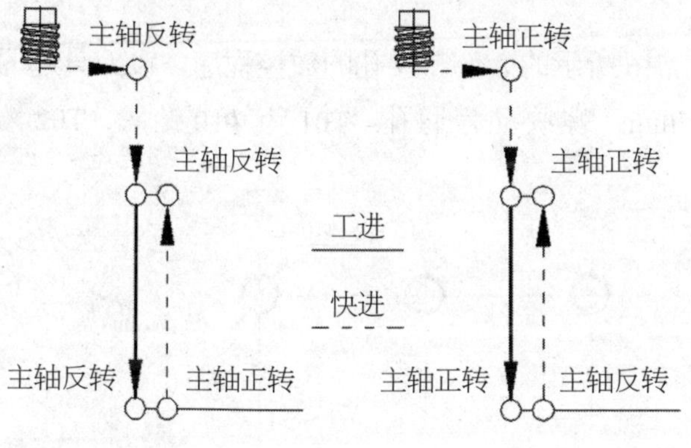

（a）G99G74动作图　　（b）G98G84动作图

图7 13　G74与G84指令动作图

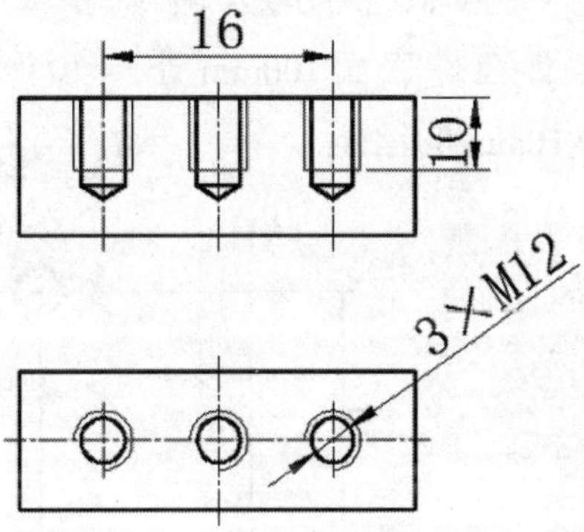

图7-14　攻丝循环指令图

7.9　深孔攻丝断屑循环

1. 指令格式

G74 X__Y__Z__R__P__Q__F__；

G84 X__Y__Z__R__P__Q__F__；

2. 指令说明

深孔攻丝断屑循环与深孔钻的动作相类似，都是每次进给加工深度为 Q，然后往回提升距离为 d，从而实现断屑的目的。不同之处在于深孔钻的钻孔速度为进给加工速度，往回提升的速度为快速进给速度，而深孔攻丝时，进给加工和往回提升的速度都是切削进给速度，如图 7-15 所示。

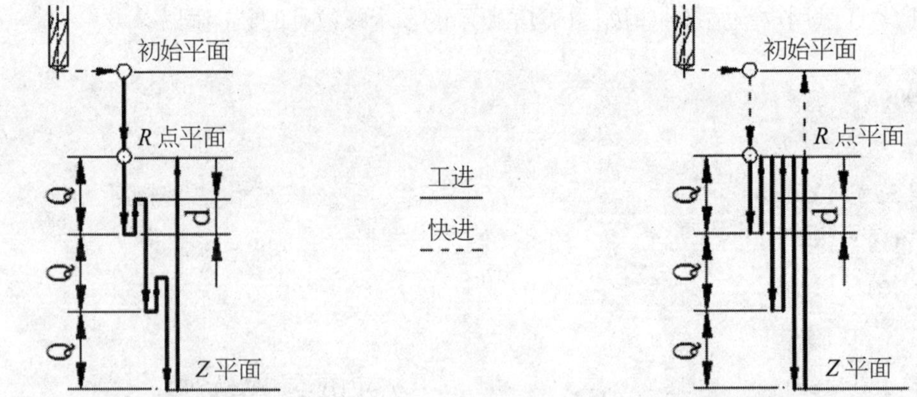

（a）G99G84（G74）断屑动作图

（b）G98G84（G74）断屑动作图

图7-15　深孔攻丝断屑循环动作图

例 7-8：试用攻丝循环编写如图 7-16 所示的 8 个螺纹孔的数控程序。设刀具起刀点距工件表面 100mm 处，切深为 5mm。螺纹孔为通孔。T01 为 Φ10 钻头，T02 为 Φ10mm 的丝锥。

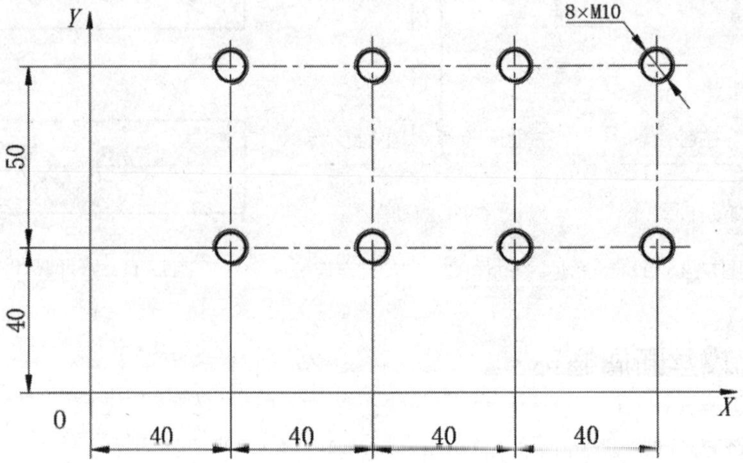

图7-16　用攻丝循环编写8个螺纹孔

```
O0001;
N1 G90 G54 G00 X0. Y0. S600 T01 M03;
N2 Z100;
N3 G91 G99 G81 X40. Y40. R-98 Z-112. F 150;
N4 G91 X40. Y0. L3;
N5 X0. Y50.;
N6 X-40. Y0. L3;
```

```
N7 G90 G00 Z100
N8 G80 X0Y0;
N9 M05;
N10 T02 M06;
N11 G91 M03 S600;
N12 G99 G84 X40. Y40. R-93 Z-111. F150;
N12 G91 X40. Y0. L3;
N14 X0.Y50.;
N15 X-40.Y0.L3;
N16 G90 G00 Z100;
N17 G80 X0Y0;
N18 M05;
N19 M30;
```

项目 8 数控铣刀具补偿功能的编程方法

学习目标

- 了解刀位点轨迹与工件轮廓的区别
- 正确理解刀具补偿功能的概念与作用
- 掌握刀具半径补偿功能的指令 G41、G42、G40
- 掌握刀具长度补偿功能的指令 G43、G44、G49

8.1 刀具补偿功能的概念

在数控机床上加工工件时，刀具的中心点称为刀具的刀位点，刀位点的运动轨迹即代表刀具的运动轨迹。但在实际工作中，刀具中心的运动轨迹与工件轮廓不重合，如图 8-1 所示。

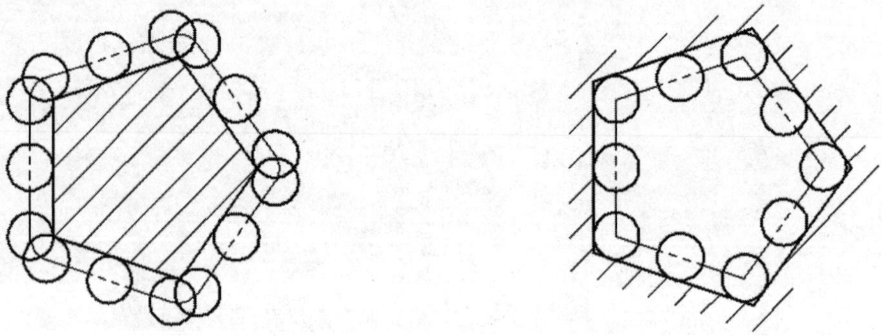

（a）外轮廓加工　　（b）内轮廓加工

图8-1　刀具中心的运动轨迹与工件轮廓不重合

如果按刀位点的运动轨迹编制加工程序，就要求先根据工件轮廓和刀具直径计算出刀位点的轨迹，计算量大，计算过程复杂，并且容易出错。如果刀具磨损后，工件轮廓需要做细微调整或更换新的刀具时，就要重新计算刀位点的轨迹，重新编制加工程序，重复性工作多，比较烦琐。

为了克服这个问题，在数控系统有刀具补偿（简称刀补）这个功能，即在编制程序时，可按工件轮廓编写刀位点的轨迹程序，建立、执行刀具补偿后，数控系统可以自动将刀位点调整到刀具运动轨迹上，不需要人工计算刀具的运动轨迹，可以省略烦琐的计算过程。在刀具磨损后，需对刀具直径或长度进行微调时，只需要在数控系统的控制器中输入刀具补偿值的大小，或在更换刀具后，只需要在数控系统的控制器中更换刀具直径的大小，就可以直接加工，而不需要修改加工程序。因此使用刀具补偿功能，使编制数控程序非常简单、方便。刀具补偿可以分为刀具半径补偿和刀具长度补偿。

8.2 刀具半径补偿

编程人员在编制数控程序时，应在程序中添加刀具半径补偿指令，可以不必考虑刀具的实际直径，按工件的轮廓曲线进行编程。数控机床在加工前，由操作工人将刀具的实际直径输入控制器的指定位置中，数控机床在加工时，数控系统自动地计算出刀具在直径方向的轨迹。对于刀具更换、刀具磨损或刀具安装时的误差等，可以由操作员工利用刀具直径补偿功能进行修正，不必重新编制数控程序，也不必重新对刀或重新调整刀具。

1. 刀具半径补偿功能的分类

（1）根据刀具与工件的相对位置不同，刀具半径补偿可以分为左补偿和右补偿。

刀具半径补偿可以分为刀具半径左补偿和刀具半径右补偿，按照 ISO（国际标准）规定，当刀具中心轨迹前进方向位于零件轮廓右边时，称为刀具半径右补偿，反之，称为刀具半径左补偿，如图 8-2 所示。

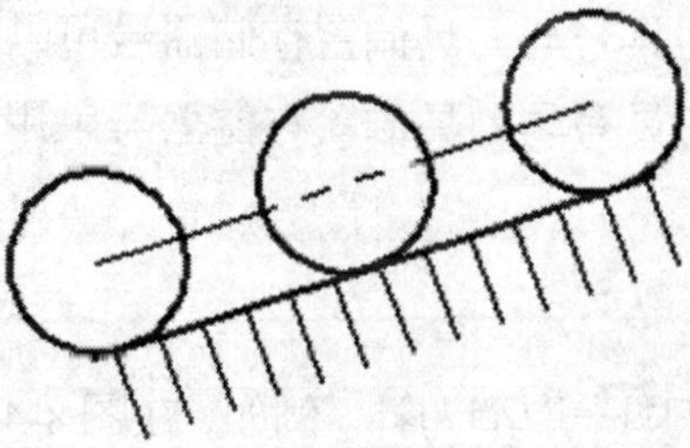

（a）左补偿

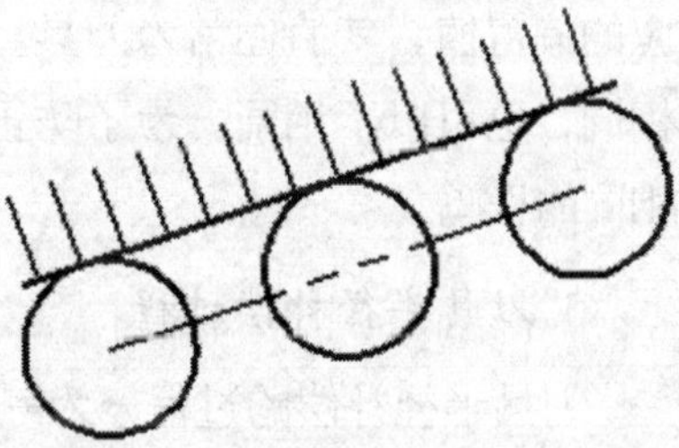

（b）右补偿

图8-2 刀具半径补偿方向

（2）根据刀具半径补偿在工件拐角处过渡方式的不同，刀具半径补偿可分为 B 型刀补和 C 型刀补，如图 8-3 所示。

B 型刀补在工件轮廓的拐角处采用圆弧过渡的方式，如图 8-3a 中的圆弧 *AB* 所示，采用这种刀补方式，在拐角处刀刃始终与工件的尖角接触，容易导致工件上的尖角变钝，如果是内拐角，还会引起过切现象。

C 型刀补在工件轮廓的拐角处采用了直线过渡的方式，用折线 *CDE* 代替圆弧 *AB*，如图 8-3b 所示，采用这种刀补方式，刀刃在轮廓线拐角处的延长线上切出和切入，对拐角的尖角没有伤害，FANUC 系统默认的刀补形式为 C 型刀补。因此，本书中所讨论的刀具半径补偿都是指 C 型刀补。

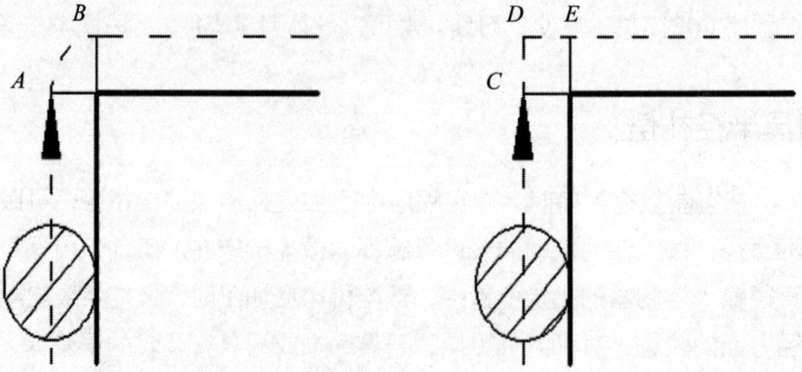

（a）B型刀补　　（b）C型刀补

图8-3　刀具半径补偿在拐角的过渡方式

2. 刀具半径补偿指令的格式

G41 G00/G01 X__Y__F__D__;　　（刀具半径左补偿）

G42 G00/G01 X__Y__F__D__;　　（刀具半径右补偿）

G40 G00/G01 X__Y__F__D__;　　（刀具半径补偿取消）

D__ 值用于指定刀具偏置存储器号，在地址 D 所对应的刀具偏置存储器中存入相应的偏置值，其值通常为刀具直径值。当前所使用的刀具号与刀具偏置存储器号可以相同，也可以不相同。为了防止出错，一般情况下，刀具号与刀具偏置存储器号采用相同的号码。

3. 刀具半径补偿过程

刀具半径补偿的过程分为三步，即建立刀补、执行刀补、取消刀补。例如，在图 8-4 中，刀具从原点出发，依次经 *A*、*B*、*C*、*D*、*E*，再返回原点 *O*。其中 *OA* 为建立刀补阶段，*ABCDE* 为执行刀补阶段，*EO* 为取消刀补阶段。

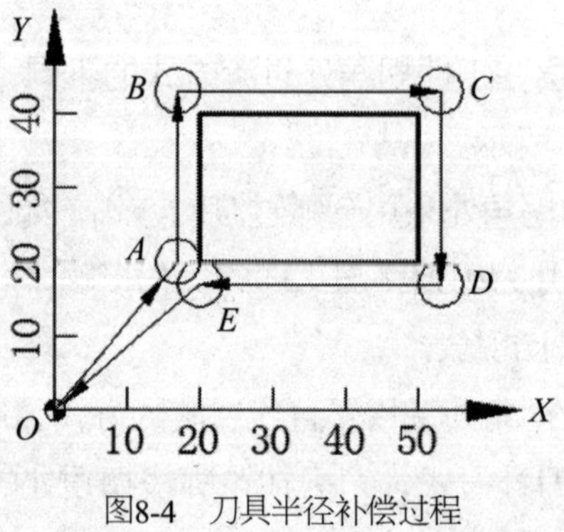

图8-4　刀具半径补偿过程

```
O0011;
……
N4 S1000 M03 D01 M08;              （D01 刀具偏置存储器号）
N5 G41G01 X20. Y20. F300;          （建立刀补）
N6 Y40.;
N7 X50.;
N8 Y20.                            （执行刀补）
N9 X20.
N10 G40 G00 X0. Y0.                （取消刀补）
……
```

1）建立刀补的过程

建立刀补的过程是指刀具从出发点到接近工件的过程中，刀位点从与编程轨迹重合过渡到与编程轨迹偏离一个偏置量的过程，在图 8-4 中指 *OA* 段，该过程由 G41（G42）与 G00（G01）功能指令共同实现，在图 8-4 所对应的程序中，是通过 N5 程序段中的 G41G01 实现的。

建立刀补的过程是由包含有 G41（G42）与 G00（G01）指令的程序段以及该程序段后面的两个程序段共同建立的，在图 8-4 中，当执行 N5 G41G01 X20. Y20. F300 程序段时，刀具的目标位置不是 X20. Y20.，而是按以下方法确定：数控系统将包含 G41 语句的后面两个程序段 N6、N7 预读，连接在补偿平面内最近两移动程序段的终点坐标（如图 8-4 中的 *AB*、*BC*），其连线的垂直方向为偏移方向，根据 G41 或 G42 来确定偏向轮廓的哪一侧，偏置的大小由偏置存储器 D01 地址中的数值决定。当执行 N5 G41G01 X20. Y20. F300 程序段时，刀具的目标位置 *A* 的具体位置符合以下要求：以 *A* 点为圆心，偏置存储器 D01 地址中的数值为该圆的直径画一个圆，该圆与轮廓曲线相切，并且切点为（20，20）。

2）执行刀补的过程

在执行完 G41 或 G42 程序段后，程序进入刀具补偿模式，从此，刀具中心与编程轨迹始终相距一个偏置量，偏置量的大小由偏置存储器 D01 地址中的数值决定，直至刀具半径补偿取消。

在补偿模式下，在执行当前程序段时，数控系统同样要预读后两段程序，找出当前程序段刀位点的轨迹与后面程序段刀位点轨迹的交点，以确保机床把下一个工件轮廓向外补偿一个偏置量，如图 8-4 中的 *B*、*C*、*D* 等。

3）刀补取消

刀位点在刀具离开工件时，从与编程轨迹偏离一个偏置量过渡到与编程轨迹重合的过程，在图 8-4 中指 *EO* 段，该过程由 G40 与 G00（G01）功能指令共同实现，在图 8-4 所对应的程序中，取消刀补是通过 N10 程序段中的 G40G00 实现的。

4. 刀具半径补偿注意的问题

在刀具半径补偿过程中，要注意以下几个方面的问题：

（1）半径补偿模式的建立与取消，只有在 G00 或 G01 移动指令模具下才有效，必须是在补偿平面内存在直线移动。当然，现在有的系统也支持在 G02、G03 功能指令下建立和取消刀补。但是为了防止出现差错，在建立和取消刀补的程序段内，最好不使用 G02、G03 指令。

（2）用 G01 指令建立刀补。前面已讲过，在执行快速定位 G00 指令时，刀具的运动轨迹为折线，如图 6-1 所示。因此，在工件表面凸凹不平时，为了防止刀具与工件发生碰撞，一般不用 G00 指令建立刀补，而是用 G01 指令建立刀补。

（3）为了便于计算坐标，一般采用切线切入方式或法线切入方式来建立或取消刀补。对于不便于沿工件轮廓线方向的切线方向或法线方向切入切出时，如图 8-5a 所示，可根据实际情况增加辅助程序段，如图 8-5b 中 *OA* 为切入段，*AIJ* 为切出段。

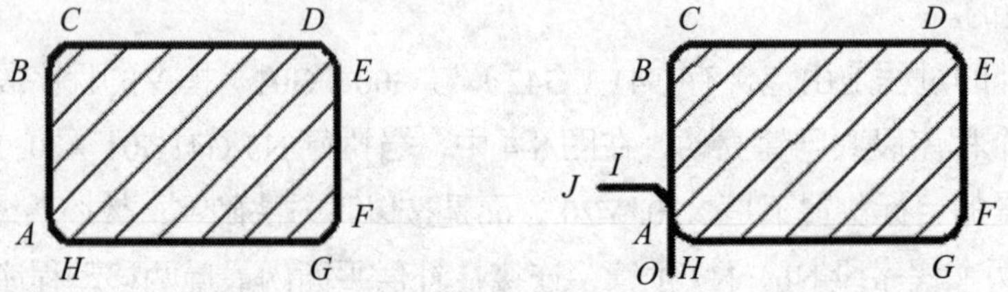

（a）封闭轮廓　　（b）增加辅助程序段

图8-5　增加一个辅助程序段

（4）刀具半径补偿建立与取消程序段的起始位置与终点位置最好与补方向在同一侧（如图 8-6a 中的 *OA* 所示），以防止在半径补偿与取消过程中产生过切现象（如图 8-6a 中的 *DO* 所示）。为了避免产生过切现象，可以在不改变原轮廓的情况下，进行一些技术上的处理，比如延长 *CD* 或采用其他方式，如图 8-6b 所示。

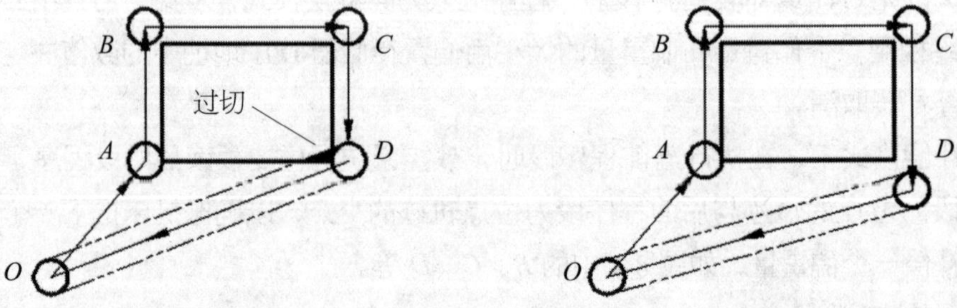

（a）产生过切现象　　（b）延伸CD程序段

图8-6　刀具半径补偿建立与取消程序段

5. 刀具半径偏置补偿

除了刀具半径补偿之外，还有刀具半径偏置补偿。将刀具半径补偿值储存在刀具半径补偿器中，将刀具半径偏置补偿值储存在刀具半径偏置补偿器中，刀具半径补偿实际值 D=刀具半径补偿值 R+刀具半径偏置补偿值Δ。

在实际工作中，刀具半径偏置补偿值Δ有以下方面的应用：用同一个程序，对零件进行粗加工与精加工。在编程时，按实际轮廓进行编程，在粗加工时，将刀具半径补偿设为 $D=R+\Delta$，其中 R 为刀具半径，Δ为精加工余量。当粗加工完成之后，工件实际轮廓尺寸比图纸要求的轮廓尺寸每边大Δ，如图 8-7 所示。在精加工时，刀具半径补偿设为 $D=R$，这样，精加工完成之后，工件实际轮廓尺寸等于图纸要求的尺寸。

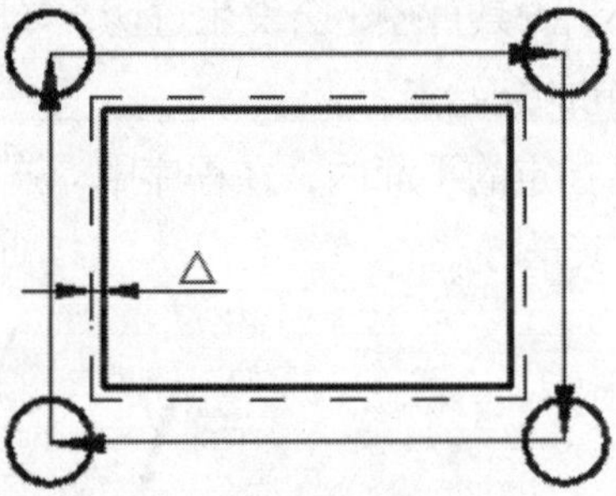

图8-7　Δ为精加工余量

6. 刀具半径补偿加工实例

用 Φ20mm 立铣刀在 70mm × 70mm × 10mm 的毛坯料上加工 60mm × 60mm × 5mm 的外形轮廓，试用刀具半径补偿指令编写数控铣程序。

```
O0009;                          （程序名）
N1   G90 G94 G40 G21 G54;       （程序初始化）
N2   G91 G28 Z0;                （刀具回 Z 向零点）
N3   G90 G00 X 60. Y 60.;       （刀具快速定位到进刀点）
N4   Z10.;                      （刀具定位到安全高度）
N5   S1000 M03 M08;             （主轴正转，开冷却液）
N6   G01 Z-5. F300;             （进入到切削层高度）
N7   G41 X-30.Y-45.D01F500;     （建立刀补，D01 刀具偏置存储器号）
N8   Y30.;      ┐
N9   X30.;      │
N10  Y-30.;     ├               （执行刀补）
N11  X-45.;     ┘
```

```
N12  G40 G00 X-60. Y-60.;          (取消刀补)
N13  G00 Z10.;                     (返回安全高度)
N14  M05;                          (主轴停止)
N15  M30;                          (程序结束)
```

7. 使用刀具半径补偿常见的过切现象

（1）加工内轮廓时，如果过渡圆弧的半径小于刀具半径，会发生过切，如图 8-8a 所示。这时机床将会报警，并停止在将要过切程序段的起始点上。只有过渡内圆角半径 $R \geqslant$ 刀具半径 + 加工余量（或修正量）的情况下，才能正常切削。

（2）被铣削槽底宽度小于刀具直径，会发生过切，如图 8-8b 所示。这时机床将会报警，并停止在将要过切语句的起始点上。

（3）在补偿模式下，若指定的平面内，在程序中，连续两条以上无移动类指令，会发生过切，如程序 O0050 所示。

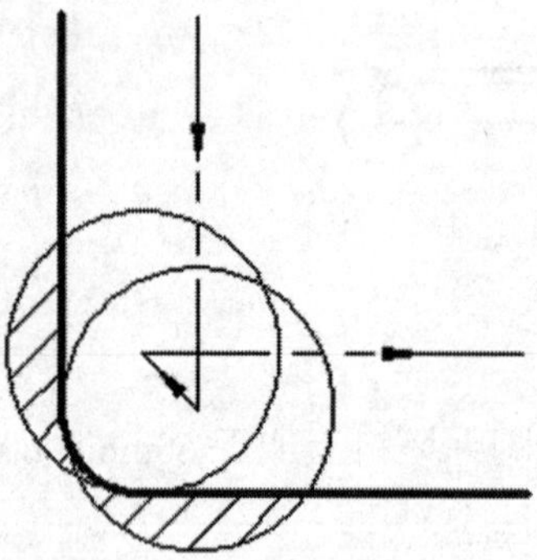

（a）过渡圆弧的半径小于刀具半径

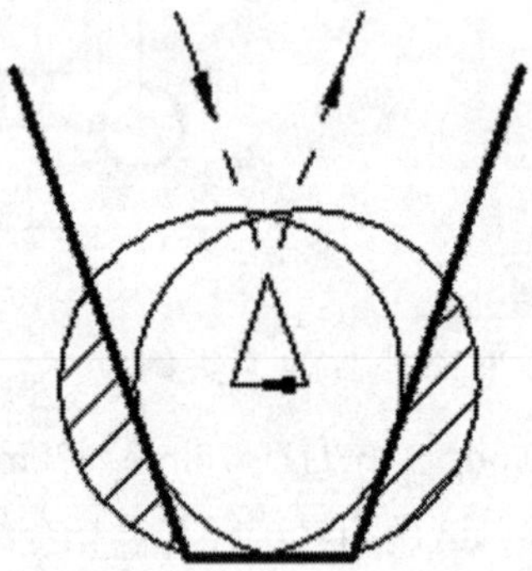

（b）铣削槽底宽度小于刀具直径

图8-8　两种过切现象

在 O0050 程序中，N5、N6 两个程序段都没有指出刀具在 *XY* 平面内发生移动，机床没法判断下一步的补偿方向，这时机床正常运行，但不会发生报警；N4 程序段的目标点坐标发生变化，运行完 N4 程序段后，刀具中心位于 *A*（20，10），再由 *A* 向 *B* 运行过程中，将会发生过切，如图 8-9 中黑色部分所示。

```
O0050;
N1  G17 G90 G94 G40 G21 G54;
N2  G91 G28 Z0;
N3  G90 G00 X0. Y0.;
N4  G41 X20.Y10.D01F500;
```

```
N5  S1000 M03 M08;
N6  Z10.;
N7  G01 Z-5. F300;
N8  Y40.;
N9  X50.;
……
```

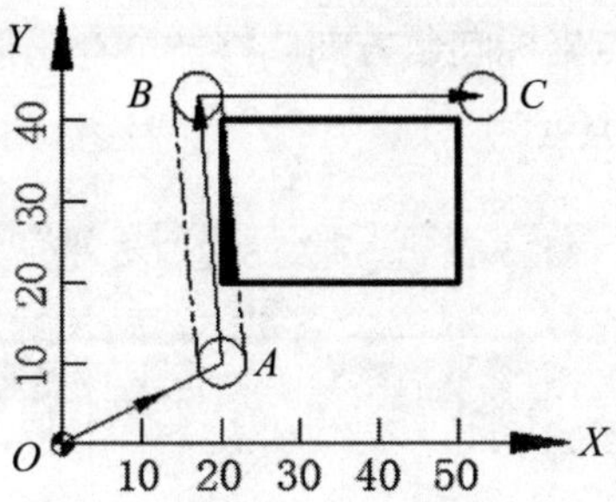

图8-9 过切现象

在上述程序中，将 N4 的程序段移到 N7 程序段之后，就能避免过切。

8.3 刀具长度补偿

1. 刀具长度补偿的概念

不同的刀具安装在数控机床的主轴上后，露出装夹头的长度各不相同，为了实现不同长度的刀具在同一坐标系中加工零件的目的，引入了刀具长度补偿指令。刀具长度补偿的实质是确定刀尖（或刀心）位置与工件坐标系原点的距离，如图 8-10 所示。

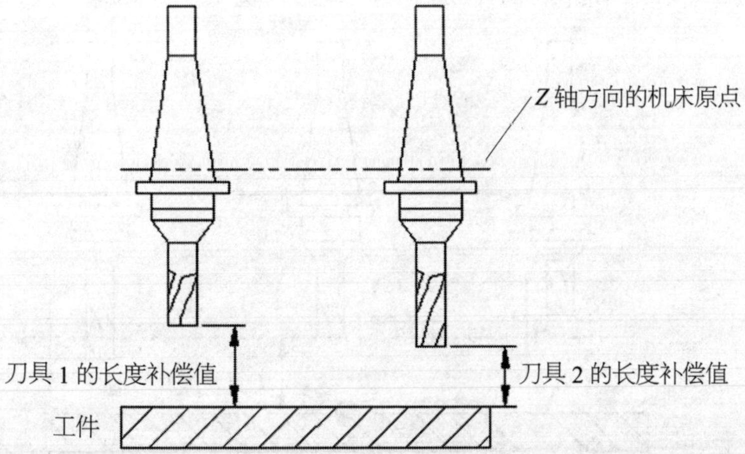

图8-10 不同刀具长度补偿示意图

编程人员在编制数控程序时，应在程序中添加刀具长度补偿指令，可以不必考虑刀具的实际长度，按工件的轮廓曲线进行编程。数控机床在加工前，由操作工人将刀具的实际长度输入控制器的指定位置中，数控机床在加工时，数控系统自动地计算出刀具在长度方向的轨迹。对于刀具更换、刀具磨损或刀具安装时的误差等，可以由操作员工利用刀具长度补偿功能进行修正，不必重新编制数控程序，也不必重新对刀或重新调整刀具。

刀具长度补正可以分为正补偿和负补偿，前者是使编程原点坐标向正方向偏移一个补正值，后者是使编程原点坐标向负方向偏移一个补正值。

2. 刀具长度补偿指令的格式

G43 H__；	（刀具长度正补偿）
G44 H__；	（刀具长度负补偿）
G49（或者 H00）；	（刀具长度补偿取消）

3. 刀具长度补偿指令的说明

H__ 值用于指定刀具长度补偿值的存储器号，地址 H__ 所对应的刀具偏置存储器中存入相应的偏置值，其值通常为刀具长度补偿值。当前所使用的刀具号与刀具长度补偿的存储器号可以相同，也可以不相同。为了防止出错，一般情况下，刀具号与刀具长度补偿的存储器号采用相同的号码。

4. 刀具偏置长度补偿值

由于刀具长度测量过程中存在误差，或者在加工过程中，由于刀具磨损等原因，刀具的实际长度与刀具补偿器中刀具的长度存在误差△（△值可正可负），如图 8-11 所示，将△值储存在刀具偏置补偿器中，刀具长度补偿值 = 刀具长度补偿器中的数值 + 刀具偏置长度补偿器中的数值△。

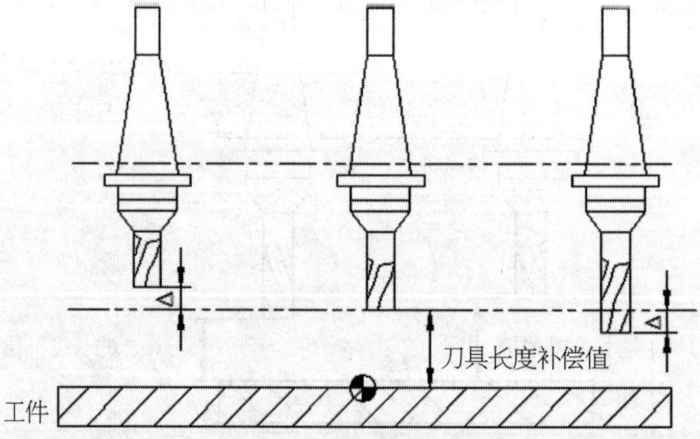

图8-11　同一刀具的实际长度与刀具补偿器中刀具的长度存在误差△

通过调整刀具偏置补偿器中Δ值的大小，可以提高工件表面的加工质量。例如，在精加工图 8-12 所示的框时，先用大刀（如 Φ50mm 的刀具）加工框的底平面，再用小刀（如 Φ16mm 的刀具）加工框的拐角位置。由于存在测量误差，用 Φ16mm 刀具加工时，很难与 Φ50mm 刀具加工的位置正好接顺，这时就需要执行刀具偏置长度补偿，数控系统首先根据 G43 或 G44 指令，将 Z 向补偿值与偏置存储器中的刀具长度补偿值Δ进行“+”（G43）或“−”（G44），计算出刀具长度的补偿值，然后控制刀具进行相应的运动。必要时，需要调整Δ值的大小，直到两把刀具加工的位置接顺为止。

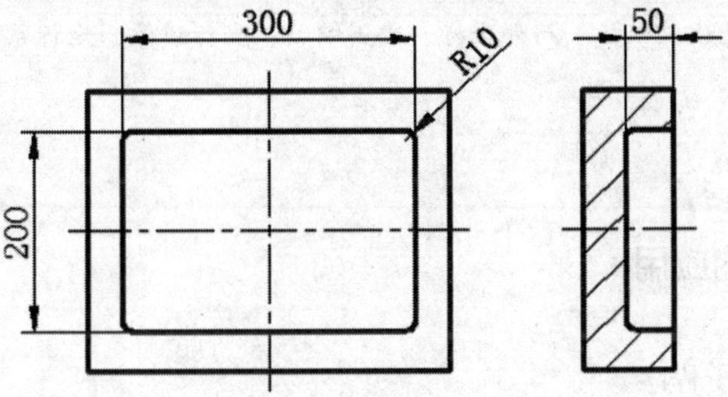

图8-12　偏置长度补偿器中Δ值的应用

机床操作人员必须十分清楚刀具长度补偿和刀具半径补偿的原理和操作方法，才能正常操作数控机床，并能提高数控机床的工作效率。数控编程人员则应清楚在编制数控加工程序时，是沿工件的实际轮廓进行编程，并假设刀尖（或刀心）相对于工件的运动。

项目 9 高级数控铣编程

学习目标

- 了解主程序与子程序的区别
- 掌握数控铣床子程序的应用
- 掌握数控铣床子程序的编程方法以及调用方法
- 掌握数控铣床极坐标、局部坐标、比例缩放、坐标镜像、坐标系旋转的指令格式以及编程方法

9.1 子程序的应用

9.1.1 主程序和子程序

1. 主程序和子程序的定义

主程序是指一个完整的零件加工程序，有程序名，有执行程序段，以 M02 或 M30 结束，能调用子程序，但不能被其他程序调用。

在数控系统中，为了简化编程，当相同或相似的加工轨迹、控制过程需要多次使用时，就可以把该部分的程序指令编辑为独立的程序，并能被其他程序调用，这个程序就称为子程序。子程序有程序名，有执行程序段，以 M99 结束，通常不可以作为独立的加工程序使用。

主程序与子程序的区别如下：主程序能调用子程序，但不能被其他程序调用；主程序以 M02 或 M30 结束，子程序以 M99 结束。

2. 子程序的格式

在大多数数控系统中，子程序与主程序的形式基本一致，都有程序名，都有执行程序段，但主程序以 M02 或 M30 结束，子程序以 M99 结束，并返回到主程序中，数控机床从调用指令的下一个程序段开始执行，例如：

主程序	子程序
O0001;	O0011;
……	
M98 P11;	……

```
N10 ……;  ←
M30;              M99;
```

子程序执行完成之后，返回到主程序中顺序号为 N10 的程序段，并执行 N10 程序段以后的指令，直到主程序执行完成。

9.1.2 子程序的调用

在 FANUC 系统中，可以通过 M98 指令调用子程序，常用的子程序调用方式有两种：

1. 子程序调用格式（一）

M98 P××××L××××；

在该子程序调用格式中，地址 P 后面的 4 位数字为子程序名，地址 L 后面的 4 位数字为重复调用的次数。子程序名和重复调用的次数前面的 0 可以省略不写，如果子程序只调用一次，则地址 L 以及其后面的数字可以省略。

例如：M98 P50L3；

M98 P30；

在第一个例子中，表示调用的子程序是 O0050，调用 3 次；在第二个例子中，表示调用的子程序是 O0030，调用 1 次。

2. 子程序调用格式（二）

M98 P××××××××；

在该子程序调用格式中，地址 P 后面的 8 位数字中，前面 4 位数字表示重复调用的次数，后 4 位数字表示子程序名。重复调用的次数前面的 0 可以省略不写，但子程序名前面的 0 不可以省略，如果子程序只调用一次，则前面 4 位数字可以省略。

例如：M98 P0030；

M98 P30100；

在第一个例子中，表示调用的子程序是 O0030，调用 1 次；在第二个例子中，表示调用的子程序是 O0100，调用 3 次。

9.1.3 子程序的嵌套

在数控系统中，其中一个子程序调用另一个子程序，称为子程序的嵌套。当主程序调用第一个子程序时，称为一级嵌套；第一个子程序调用第二个子程序时，称为二级嵌套。不同的数控系统，嵌套次数不同，FANUC 系统可以实现四级嵌套，如图 9-1 所示。

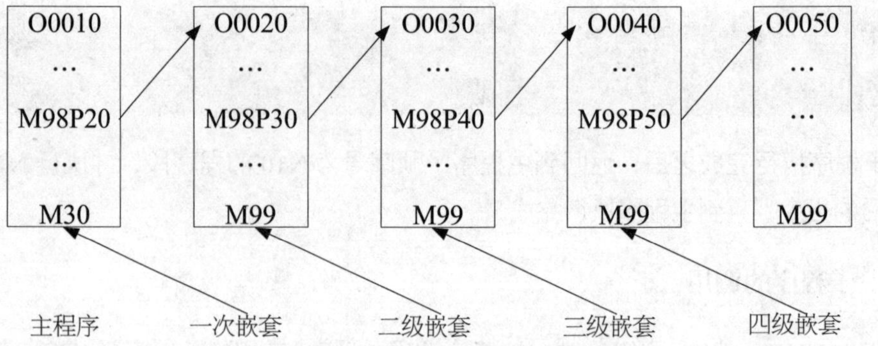

图9-1　子程序的嵌套

9.1.4　主程序调用的特殊用法

1. 子程序结束后，返回到主程序的指定程序段

一般情况下，子程序结束后，返回到主程序中调用指令的下一个程序段，但如果在子程序的返回程序段中加上“P×”，则在子程序结束后，将返回到主程序中顺序号为“×”的程序段，例如：

M99 P200；（返回到顺序号为 N200 的程序段）

2. 自动返回到主程序头

如果在主程序中有“M99 P×”程序段，当主程序执行到“M99 P×”程序段时，将跳过其他程序段，直接从顺序号为“×”的程序段开始执行。如果“M99 P×”中的“P×”省略，则返回到程序头，重新开始执行。为了能够执行后面的程序段，通常在该指令前加上“/”，以便在不需要返回程序头时，跳过该程序段，执行后面的程序。

3. 强行改变子程序重复执行的次数

用“M99 L××××”指令可改变了程序调用次数，其中“L××××”表示子程序调用的次数。例如，如果在主程序中用“M98 P××××L5”指令，表示调用了程序5次，而如果在子程序的结尾用“M99 L2”返回，则该子程序被重复调用的次数为2次。

9.1.5　子程序的应用

1. 实现分层铣削

当零件的加工深度比较大时，就必须分层铣削，因为在不同的切削层之间，*X* 轴和 *Y* 轴的移动指令完全相同，因此可以用子程序来实现分层铣削。

例 9-1：用数控铣床加工图 9-2 所示的工件，工件的加工深度为 50mm，如果每次背吃刀量为 5mm，则应分 10 次加工，试用主程序和子程序编写该工件的数控加工程序。

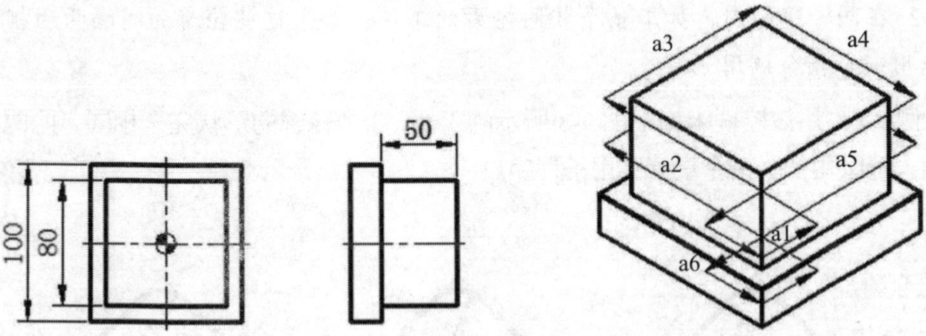

（a）平面图　　（b）轨迹图

图9-2　Z向分层切削实例图

该工件的数控铣加工程序如下：

O0001;	（主程序名）
G17 G90 G94 G40 G21 G54;	
G91 G28 Z0;	
S1000 M03 M08;	
G90 G00 Z50.;	（初始平面为 50.0mm）
X-60.Y-60.;	（快速定位至下刀位置）
Z5.;	（下降至安全高度 5.0mm）
G01Z0 F300;	（下降至开始位置）
M98 P1000 L10;	（调用子程序 10 次）
G00 Z50.M09;	（主轴提升至 50mm 处，停止冷却液）
M05;	（主轴停止）
M30;	（主程序结束，并返回程序头）
O1000;	（子程序名）
G01 W-5.F300;	（背吃刀量为 5mm）
G41 X-40.D01F600;	（建立左刀补，轨迹 a1）
Y40.;	（轨迹 a2）
X40.;	（轨迹 a3）
Y-40.;	（轨迹 a4）
X-60.;	（轨迹 a5）
G40 Y-60;	（取消刀补，轨迹 a6）
M99;	（子程序结束，返回主程序）

2. 在同一平面内，加工多个相同轮廓的工件，如果这些轮廓的间隔两两相同，可以用一个指令调用

例 9-2：用数控铣床加工图 9-3 所示的工件，3 个轮廓的形状完全相同，两两间隔相同，可以用一个指令重复调用子程序。

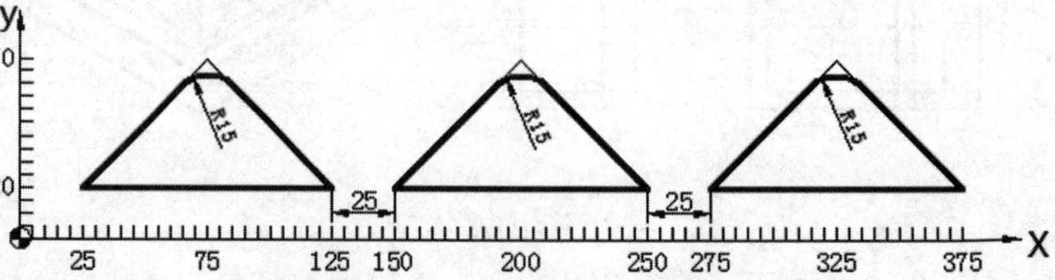

图9-3 加工3个相同的轮廓，两两间隔相同

该工件的数控铣加工程序如下：

```
O0001;                        (主程序名)
G17 G90 G94 G40 G21 G54;
G91 G28 Z0;
S1000 M03 M08;
G90 G00 Z50.;                 (初始平面为 50.0mm)
X0.Y0.;                       (快速定位至下刀位置)
Z5.;                          (下降至安全高度 5.0mm)
M98 P1000 L3;                 (调用子程序 3 次)
G00 Z50.M09;                  (主轴提升至 50mm 处，停止冷却液)
M05;                          (主轴停止)
M30;                          (主程序结束，并返回程序头)

O1000;                        (子程序名)
G90 G01 Z0 F300;              (下降至开始位置)
G01 W-5.;                     (背吃刀量为 5mm)
G41 U25.V20.D01F600;          (建立左刀补)
U50.V50.R15.;
U50.V-50.;
U-110.;
```

```
G00 Z5.;
G40 G00 U-15.V-20.;
U125.;
M99;                    （子程序结束，返回主程序）
```

3. 在同一平面内，加工多个相同轮廓的工件，如果这些轮廓的间隔两两不相同，则必须分开调用

例 9-3：用数控铣床加工图 9-4 所示的工件，3 个轮廓的形状完全相同，但两两间隔不相同，则必须分别调用子程序。

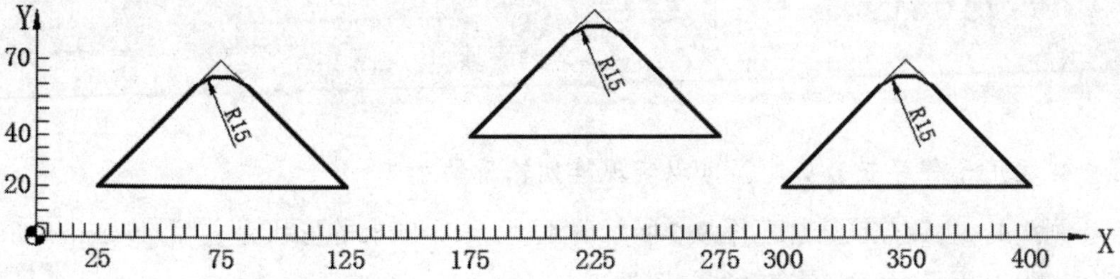

图9-4 加工3个相同的轮廓，两两间隔不相同

该工件的数控铣加工程序如下：

```
O0001;                  （主程序名）
G17 G90 G94 G40 G21 G54;
G91 G28 Z0;
S1000 M03 M08;
G90 G00 Z50.;           （初始平面为 50.0mm）
X0.Y0.;                 （快速定位至第一个轮廓的进刀位置）
Z5.;                    （下降至安全高度 5.0mm）
M98 P1000;              （调用子程序 1 次）
G90G00X150.Y20.;        （快速定位至第二个轮廓的进刀位置）
M98P1000;               （调用子程序 1 次）
G90G00X275.Y0;          （快速定位至第三个轮廓的进刀位置）
M98P1000;               （调用子程序 1 次）
G00 Z50.M09;            （主轴提升至 50mm 处，停止冷却液）
M05;                    （主轴停止）
M30;                    （主程序结束，并返回程序头）
```

```
O1000;                       （子程序名）
G90 G01 Z0 F300;             （下降至开始位置）
G01 W-5.;                    （背吃刀量为 5mm）
G41 U25.V20.D01F600;         （建立左刀补）
U50.V50.R15.;
U50.V-50.;
U-110.;
G00 Z5.;
G40 G00 U-15.V-20.;
M99;                         （子程序结束，返回主程序）
```

4. 运用子程序嵌套功能，可以实现阵列轮廓的加工

例 9-4：用数控铣床加工图 9-5 所示的工件，6 个轮廓的形状完全相同，两两间隔相同，可以用子程序的嵌套功能实现加工。

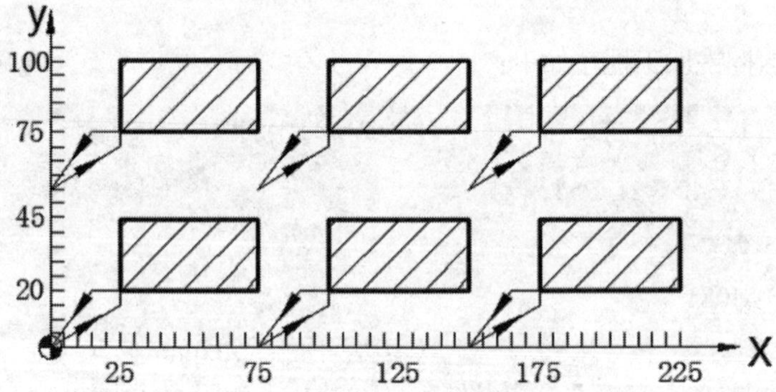

图9-5 用子程序的嵌套功能加工阵列轮廓

```
O0100;                       （子程序名，加工轮廓）
G90 G01 Z-5 F300;            （背吃刀量为 5mm）
G41 G91 X25.Y15.D01F600;     （相对坐标编程，建立左刀补）
Y30.;
X50.;
Y-25.;
X-60.;
G40 G00 X-15.Y-20.;          （回到起始点）
```

```
G90 G00 Z5.;              （提到安全高度）
G91 X75;                  （平行 75mm，下一个轮廓的起始点）
M99;                      （子程序结束，返回主程序）

O0200;                    （调用子程序，加工纵向排列的轮廓）
M98 P0100 L3;             （调用子程序 3 次）
G91 G00 X-225.Y55.        （下一行的起始点）
M99;

O0001;                    （主程序名）
G17 G90 G94 G40 G21 G54;
G91 G28 Z0;
S1000 M03 M08;
G90 G00 Z50.;             （初始平面为 50.0mm）
X0.Y0.;                   （快速定位至下刀位置）
Z5.;                      （快速下降至安全高度 5.0mm）
M98 P0200 L2;             （2 行，调用子程序 2 次）
G00 Z50.M09;              （主轴提升至 50mm 处，停止冷却液）
M05;                      （主轴停止）
M30;                      （主程序结束，并返回程序头）
```

5. 调用子程序时应注意的事项

主程序一般是绝对坐标编程。

用子程序加工轮廓时，一般是相对坐标编程。

9.2 坐标变换指令的应用

9.2.1 极坐标编程

1. 极坐标系指令说明

G16 表示极坐标系生效指令，G15 表示极坐标系取消指令。当使用极坐标编程时，刀位点以极坐标的方式表示，即 *X*__ 表示极坐标系的半径，*Y*__ 表示极坐标的角度（逆时针方向为角度的正方向，顺时针方向为角度的负方向）。

例 9-5：用极坐标形式表示如图 9-6 所示的 *A* 点和 *B* 点坐标。

解：*A* 点： X15.Y0.；　　（半径为 15mm，角度为 0°）

　　B 点：X15.Y75.；　　（半径为 15mm，角度为 75°）

刀具从 *A* 点至 *B* 点，用极坐标系编程如下：

```
G00 X15.Y0.;                （直角坐标系）
G90G17 G16;                 （建立极坐标系）
G02 X15.Y70.R15.;           （终点极坐标半径为 15mm，角度为 70°）
G15;                        （取消极坐标系）
……
```

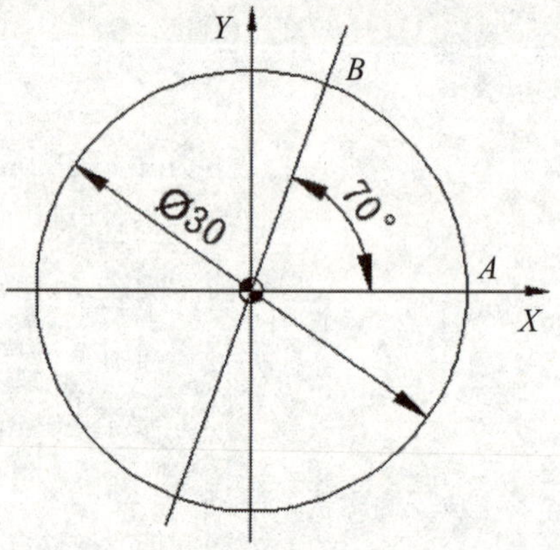

图9-6　极坐标图解

2. 极坐标系的原点

极坐标系原点的指定方式有两种，一种是以工件坐标系的原点为极坐标系的原点；另一种是以当前刀位点的位置为极坐标系的原点。

1）以工件坐标系的原点为极坐标系的原点

当以工件坐标系的原点为极坐标系的原点时，用绝对值指令 G90 来指定，如 G90 G17 G16；极坐标半径值指的是目标点到原点的距离，极坐标角度值指的是目标点和原点的连线与 *X* 轴的夹角，如图 9-7 所示。

2）以当前刀位点的位置为极坐标系的原点

以当前刀位点的位置为极坐标系的原点时，用增量值指令 G91 来指定，如 G91 G17 G16；极坐标半径值指的是刀具目标点到当前点的距离，极坐标角度值指的是前一坐标系原点与当前坐标系原点的连线与目标点到当前点边线的夹角，如图 9-8 所示。

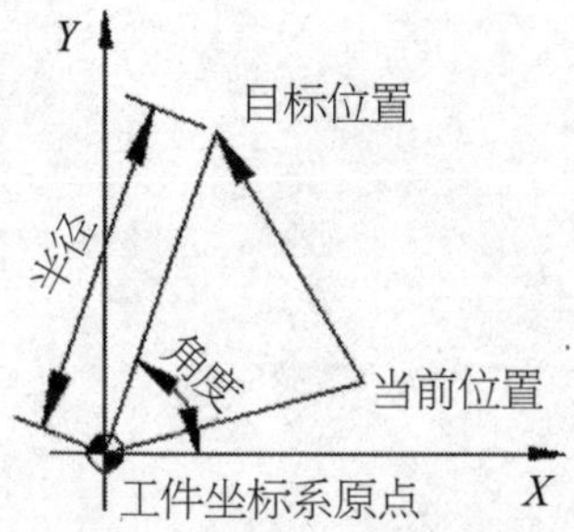

图9-7 以工件坐标系的原点为极坐标系的原点

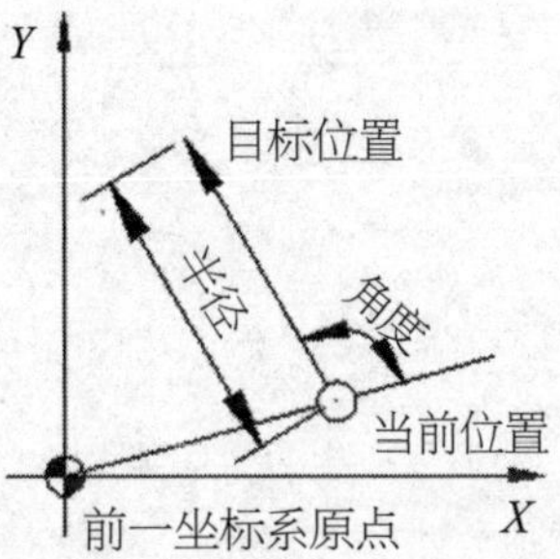

图9-8 当前刀位点的位置为极坐标系的原点

例 9-6：用极坐标系编写图 9-9 所示的正八边形外形铣削的数控程序，背吃刀量为 2mm。假设工件坐标系原点位于工件中心，进刀点为（−25，−25）。

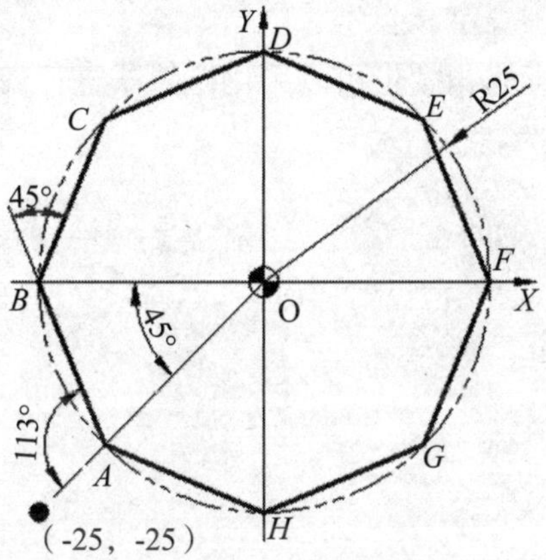

图9-9 极坐标系编写正八边形外形铣削的数控程序

```
O0001;                          （主程序名）
G17 G90 G94 G40 G21 G54;
G91 G28 Z0;
S1000 M03 M08;
G90 G00 X-25. Y-25.;
G43 Z5. H01;                    （建立刀具长度补偿）
G01 Z-2. F500;
G90 G17 G16;                    （以工件坐标系原点建立极坐标系）
G41 G01 X-25. Y225. D01;        （建立刀具半径补偿）
Y180.;
Y135.;
Y90.;
```

```
Y45.;
Y0.;
Y-45.;
Y-90.;
Y-135.;
G15;
G90 G40 G00 X-25. Y-25.;
G49 G28 G91 Z0;
M05;
M30;
```

在极坐标程序中，轮廓的角度也可以采用增量式进行编程，例如上述程序中，从N9 至 N16，可以采用以下方式进行编程。

```
……
G91 Y-45;
Y-45;
Y-45;
Y-45; .
Y-45; .
Y-45; .
Y-45;
Y-45;
G15;
……
```

如果以刀具当前点为极坐标系的原点，则数控铣程序如下：

```
O0001;                      （主程序名）
……
G90 G17 G16;                （以工件坐标系原点建立极坐标系）
G41 G01 X25. Y225. D01;     （建立刀具半径补偿，移至 A 点）
G91 X25 Y-113.;             （AB 与 OA 的夹角为 −113°，逆时针为负）
Y-45.;                      （CB 与 AB 的夹角为 45°）
Y-45;
```

```
Y-45；.
Y-45；.
Y-45；.
Y-45；
Y-45；
G15；
……
```

注意：以当前刀位点为极坐标系的原点进行编程时，坐标系的转换较为复杂，一般情况下只用于形状规则的轮廓。对于形状复杂的轮廓，应慎用以当前刀位点为极坐标系的原点进行编程。

9.2.2 局部坐标系编程

在数控编程中，为了方便，有时可以用局部坐标系进行编程。

1. 指令格式

G52 X__Y__Z__；

2. 指令说明

G52 用于设定 *X__Y__Z__* 为为局部坐标系的原点，例如：

```
G52 X10.Y20.Z-5.；
```

表示以（10，20，−5）为原点，新建立一个局部坐标系。

例 9-7：用局部坐标系编写图 9-4 所示的数控程序。

```
O0001；                    （主程序名）
G17 G90 G94 G40 G21 G54；
G91 G28 Z0；
S1000 M03 M08；
G90 G00 Z50.；             （初始平面为 50.0mm）
X0.Y0.；                   （快速定位至下刀位置）
Z5.；                      （下降至安全高度 5.0mm）
M98 P0100；                （调用子程序 1 次）
G52 X150. Y20.；           （建立局部坐标系）
```

```
M98 P0100;            （再次调用子程序 1 次）
G52 X275. Y0.;        （再次建立局部坐标系）
M98 P0100;            （再次调用子程序 1 次）
G00 Z50.M09;          （主轴提升至 50mm 处，停止冷却液）
M05;                  （主轴停止）
M30;                  （主程序结束，并返回程序头）
```

9.2.3 比例缩放编程

在数控编程中，对按比例缩放的轮廓，可以用比例缩放指令进行编程。比例缩放指令为 G51，取消缩放指令为 G50。

1. 等比例指令格式

G51 X__Y__Z__P__;

G51 I__J__K__P__;

上述两种指令格式中，*X__Y__Z__* 和 *I__J__K__* 的和的意义完全相同，是不同数控系统写书格式不同罢了。

其中 *X__Y__Z__* 表示的是比例缩放的中心，*P__* 表示的是缩放比例系数，不用能小数点表示，“P2000”表示缩放比例为 2 倍，如：

G51 X20.Y30.Z10.P1500;

表示的是以（20，30，10）为缩放中心，比例为 1.5 倍。

2. 不等比例指令格式

G51 X__Y__Z__I__J__K__;

其中 *X__Y__Z__* 表示的是比例缩放的中心，*I__J__K__* 表示的是在 *X*、*Y*、*Z* 轴方向上不同缩放比例系数，如：

G51 X10.Y20.Z5.I1.5J2.0K2.2;

表示的是以（10，20，5）为缩放中心，在 *X* 轴方向上的缩放比例系数 1.5 倍，在 *Y* 轴方向上的缩放比例系数 2.0 倍，在 *Z* 轴方向上的缩放比例系数 2.2 倍。

例 9-8：用比例缩放的编程方法，编写图 9-10 所示的数控程序，其中轮廓 *ABCD* 的中心坐标在原点，轮廓 *EDGH* 的中心坐标在（ ）处，且轮廓 *EDGH* 为轮廓 *ABCD* 的 0.5 倍。

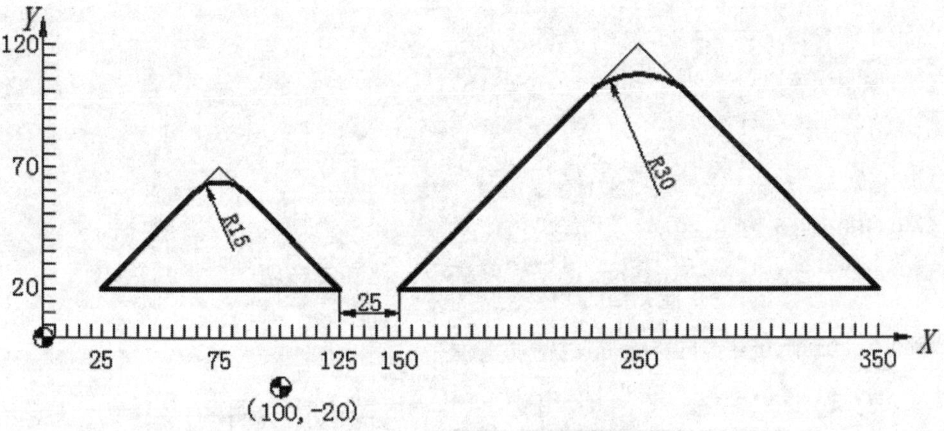

图9-10 用比例缩放的编程方法编写数控程序

该工件的数控铣加工程序如下：

```
O0001;                     （主程序名）
G17 G90 G94 G40 G21 G54;
G91 G28 Z0;
S1000 M03 M08;
G90 G00 Z50.;              （初始平面为 50.0mm）
X0.Y0.;                    （快速定位至第一个下刀位置）
Z5.;                       （下降至安全高度 5.0mm）
M98 P1000;                 （调用子程序 1 次）
G00 X100.Y-20.;            （快速定位至第二个下刀位置）
Z5.;                       （下降至安全高度 5.0mm）
G51 X100.Y-20.P2000;       （以（100，−20）为基准点，X方向和Y方向放大2倍，
                            Z 方向保持不变）
M98 P1000;                 （调用子程序 1 次）
G00 Z50.M09;               （主轴提升至 50mm 处，停止冷却液）
M05;                       （主轴停止）
M30;                       （主程序结束，并返回程序头）

O1000;                     （子程序名）
G90 G01 Z0 F300;           （下降至开始位置）
G01 W-5.;                  （背吃刀量为 5mm）
G41 U25.V20.D01F600;       （建立左刀补，到达进刀位置）
```

```
U50.V50.R15.;
U50.V-50.;
U-110.;
G00 Z5.
G40 G00 U-15.V-20.;
M99;                     （子程序结束，返回主程序）
```

例 9-9：编制如图 9-11 所示的轮廓加工程序。

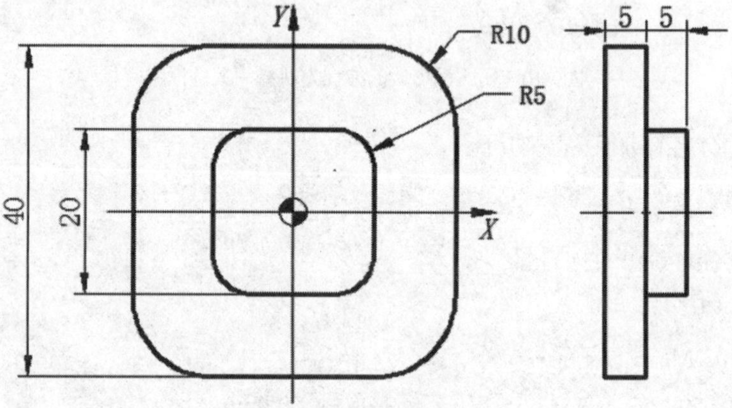

图9-11　比例缩放实例图

```
O0001;                        （主程序名）
G17 G90 G94 G40 G21 G54;
G91 G28 Z0;
S1000 M03 M08;
G90 G00 Z50.;                 （初始平面为 50.0mm）
X40.Y0.;                      （快速定位至第一个下刀位置）
Z5.;                          （下降至安全高度 5.0mm）
G01 Z0 F500;                  （下降到工件表面）
M98 P1000;                    （调用子程序 1 次）
G00 X20.Y0.;                  （快速定位至第二个下刀位置）
Z0.;                          （下降至安全高度 5.0mm）
G51 X0.Y0.Z0.P0500;           （以（0，0，0）为基准点，X、Y、Z 方
                              向各缩小 0.5 倍）
M98 P1000;                    （调用子程序 1 次）
```

```
G50;
G00 Z50.M09;              （主轴提升至 50mm 处，停止冷却液）
M05;                      （主轴停止）
M30;                      （主程序结束，并返回程序头）

O1000;                    （子程序名）
G01 Z-10.F300             （背吃刀量为 10mm）
G41 X20.D01F600;          （建立左刀补，到达进刀位置）
Y-20.R10.;
X-20R10.;
Y20.R10.;
X20R10.;
Y0.;
X40.;
G00 Z5.;
M99;                      （子程序结束，返回主程序）
```

3. 比例缩放编程说明

1）刀补程序应放在缩放程序段后

在用比例缩放指令编程时，刀补程序应放在缩放程序段后，否则容易引起报警，如：

G51 X__Y__Z__P__;

G41 G01 ……D01 F__;

在执行上述程序段时，机床能正常运行，而如果执行下面的程序，机床将会报警：

G41 G01 ……D01 F__;

G51 X__Y__Z__P__;

2）比例缩放中圆弧半径大小的问题

比例缩放中需要进行圆弧插补时，如果是进行等比例缩放，则圆弧半径也进行相同比例的缩放；如果按不同比例 G51 X__Y__I__J__ 进行缩放时，圆弧起点与终点坐标值按不同比例进行缩放，但圆弧半径的大小按 I、J 中的较大值进行缩放。

例 9-10：在图 9-12 中，已知 G51 X0Y0I1.5J2.0；指出各刀位点的坐标值，以及圆弧 *C′D′* 的半径大小。

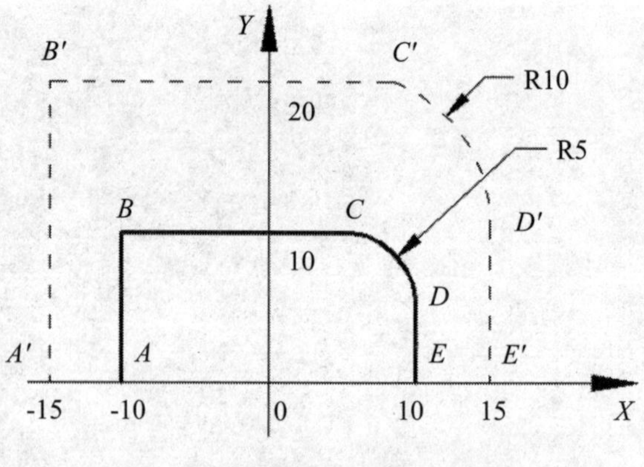

图9-12　圆弧不等比例缩放示意图

刀位点	坐标值	刀位点	坐标值
A	（−10，0）	A′	（−15，0）
B	（−10，10）	B′	（−15，20）
C	（5，10）	C′	（7.5，20）
D	（10，5）	D′	（15，10）
E	（10，0）	E′	（15，0）
圆弧 *CD*	半径为 R5	圆弧 C′D′	半径为 R10

圆弧 *CD* 在端点处与轮廓线相切，但圆弧 *C′D′* 在端点处与轮廓线不相切。

4. 比例缩放中的注意事项

（1）比例缩放对于刀具半径补偿、长度补偿以及工件坐标系原点偏移值无效。

（2）如果将“G51 *X*　*Y*　*Z*　*P*　；”或者“G51 *X*_*Y*_*Z*_*I*_*J*_*K*_；”简写成“G51”，比例中心是指刀具当前的位置，比例参数由机床系统设定，具体大小可以修改机床参数。

（3）比例缩放对固定循环中的 Q 值和 d 值无效。

（4）在缩放状态下，不能指定返回参考点的 G 指令（G27 ~ G30），也不能指定坐标系设定指令（G52 ~ G59，G92），若一定要指定这些 G 指令，应在取消缩放功能后指定。

9.2.4　镜像编程

使用镜像指令可实现沿某一坐标轴或对称点加工，在 FANUC 系统中，采用 G51 指令或 G51.1 指令实现镜像加工，G50 取消镜像功能。

1. 指令格式

1）格式（一）

G51 X__Y__;

G50;

*X*__*Y*__ 用于指定对称轴或对称点，当 G51 指令后仅有一个坐标字时，则以该坐标轴进行镜像，如：

G51 X10.0 Y30.0;

表示同时沿 *X*=10 的轴线和 *Y*=30 的轴线镜像。

G51 X10.0;

表示沿与 *X*=10 的轴线镜像。

2）格式（二）

G51 X__Y__I__J__;

G50;

使用这种格式时，如果 *I*__*J*__ 值是正值，则为缩放指令；如果是负值，则既进行缩放，也进行镜像，如：

G51 X10.Y30.I-2.J-1.5;

表示同时沿 *X*=10 的轴线和 *Y*=30 的轴线进行镜像的同时，还要进行缩放，*X* 轴方向的缩放比例为 2.0，*Y* 轴方向的缩放比例为 1.5。

2. 镜像编程实例

例 9-11：用镜像编程指令编写图 9-13 的外形轮廓。

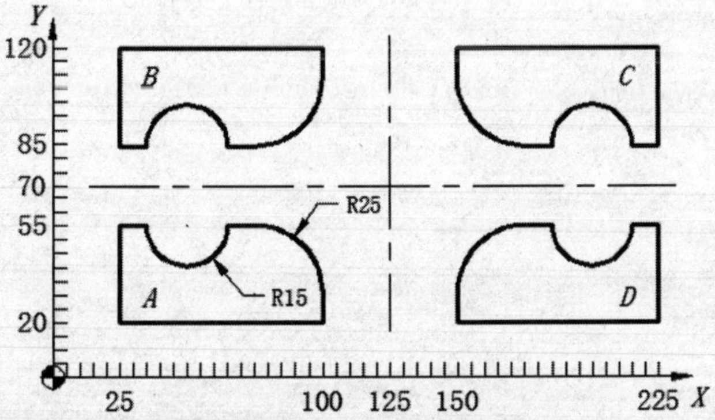

图9-13 镜像编程实例图

```
O0001;                          (主程序名)
G17 G90 G94 G40 G21 G54;
G91 G28 Z0;
S1000 M03 M08;
G90 G00 Z50.;                   (初始平面为 50.0mm)
X0.Y0.;                         (快速定位至第一个下刀位置)
Z5.;                            (下降至安全高度 5.0mm)
M98 P1000;                      (调用子程序，加工 A 轮廓)
G51 X125. Y70. I1.0 J-1.0;      (设置 Y=70 为对称轴线)
M98 P1000;                      (调用子程序，加工 B 轮廓)
G50;
G51 X125. Y70. I-1.0 J-1.0;     (设置(125，70)为对称点)
M98 P1000;                      (调用子程序，加工 C 轮廓)
G50;
G51 X125. Y70. I-1.0 J1.0;      (设置 X=125 为对称轴线)
M98 P1000;                      (调用子程序，加工 D 轮廓)
G50;
G00 Z50.M09;                    (主轴提升至 50mm 处，停止冷却液)
M05;                            (主轴停止)
M30;                            (主程序结束，并返回程序头)

O1000;                          (子程序名)
G01 Z-10.F300;                  (背吃刀量为 10mm)
G41 X25.Y20.D01F600;            (建立左刀补，到达进刀位置)
Y55.;
X35.;
G03 X65.R15.;
G01 X75.;
G02 X100.Y30.R25.;
G01 Y20.;
X25.;
G00 Z5.;
```

```
G40 X0.Y0.;
M99;                                  (子程序结束，返回主程序)
```

例 9-12：用镜像编程指令编写如图 9-14 所示的外形轮廓，镜像与缩放点为（20，20），*X* 轴方向放大 2 倍，*Y* 轴方向放大 1.5 倍。

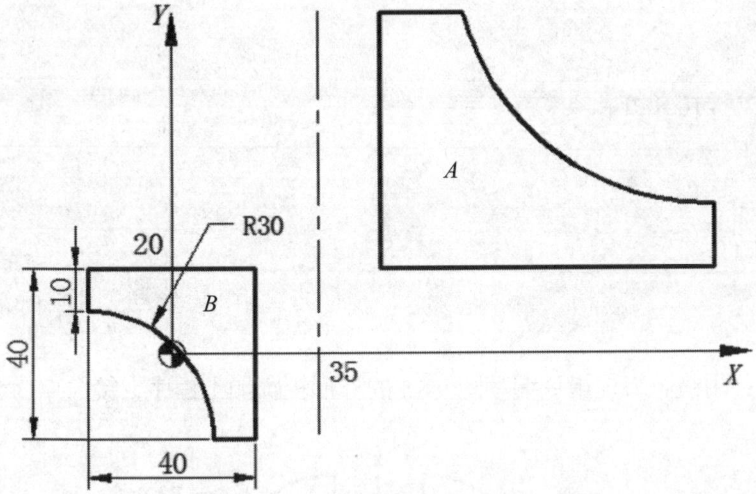

图9-14 镜像缩放实例图

```
O0001;                        (主程序名)
G17 G90 G94 G40 G21 G54;
G91 G28 Z0;
S1000 M03 M08;
G90 G00 Z50.;                 (初始平面为 50.0mm)
X0.Y0.;                       (快速定位至第一个下刀位置)
Z5.;                          (下降至安全高度 5.0mm)
M98 P1000;                    (调用子程序，加工 A 轮廓)
G51 X35. Y20. I-2.0 J-1.5;    (设置 Y=70 为对称轴线)
M98 P1000;                    (调用子程序，加工 B 轮廓)
G50;
G00 Z5.;
M05;
M30;
```

```
O1000;                          （子程序名）
G00 X-40.Y20.;
G01 Z-10.F300;                  （背吃刀量为 10mm）
G41 X-21.Y20.D01F600;           （建立左刀补，到达进刀位置）
X20.;
Y-20.;
X10.;
G03 X-20.Y10.R30.;
G01 Y21.;
G00 Z5.;
G40 X0.Y0.;
M99;                            （子程序结束，返回主程序）
```

例 9-13：用镜像编程指令编写图 9-15 的外形轮廓加工程序，镜像点为坐标原点。

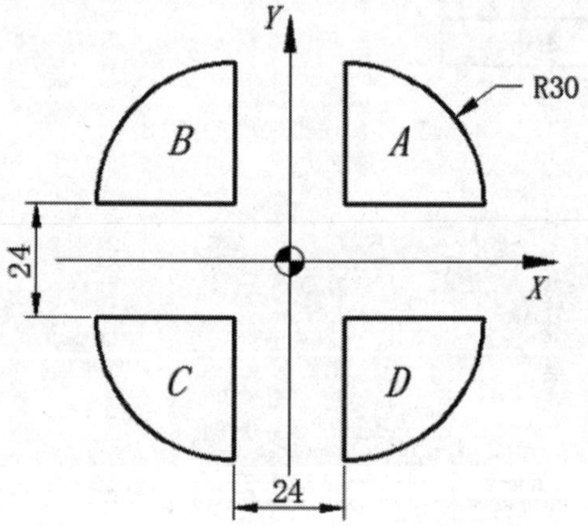

图9-15　以坐标原点为镜像点实例图

```
O0001;                  （主程序名）
G17 G90 G94 G40 G21 G54;
G91 G28 Z0;
S1000 M03 M08;
G90 G00 Z50.;           （初始平面为 50.0mm）
X0.Y0.;                 （快速定位至第一个下刀位置）
Z5.;                    （下降至安全高度 5.0mm）
```

```
M98 P1000;            （调用子程序，加工 A 轮廓）
G51.1 X0.;            （关于 Y 轴镜像）
M98 P1000;            （调用子程序，加工 B 轮廓）
G51.1 YO.;            （Y 轴镜像没有取消，依然有效，增加关于 X 轴镜像，
                      也就是同时关于 X、Y 轴镜像）
M98 P1000;            （调用子程序，加工 C 轮廓）
G50.1 X0;             （Y 轴镜像取消，X 轴镜像依然有效）
M98 P1000;            （调用子程序，加工 D 轮廓）
G50.1 Y0;             （X 轴镜像取消）
G00 Z5.;
M09;
M05;
M30;

O1000;                （子程序名）
G90 G01 Z-10.F300;    （背吃刀量为 10mm）
G41 X12.Y10.D01F600;  （建立左刀补，到达进刀位置）
Y42.;
G02 X42.Y12.R30.;
G01 X10.;
G40 G00 X0.Y0.;
M99;                  （子程序结束，返回主程序）
```

3. 镜像编程的几点说明

（1）执行镜像刀路时，如果原刀路是顺铣，则镜像刀路为逆铣。因为精加工时逆铣的粗糙度不如顺铣的表面粗糙度，因此，一般情况下建议用镜像刀路。

（2）在指定平面内执行镜像指令时，如果程序中有圆弧指令，则 G02 镜像后变为 G03，G03 镜像后变为 G02。

（3）在指定平面内执行镜像指令时，如果程序中有刀具半径补偿指令，则刀具半径补偿的偏置方向发生改变，左补正变为右补正，右补正变为左补正。

（4）在可编程镜像方式中，镜像指令对返回参考点指令（G27、G28、G29、G30）和改变坐标系指令（G54 ~ G59，G92）不能指定。如果要指定其中一个，则必

须在取消可编程镜像后再指定。

（5）在使用镜像功能时，由于数控铣床的 *Z* 轴安装刀具，因此，*Z* 轴一般不能进行镜像加工。

9.2.5 旋转坐标系编程

对于某些围绕中心点旋转的特殊轮廓，可以利用坐标系旋转功能进行编程。

1. 指令格式

G68 X__Y__R__；

G69；

其中，G68 是坐标系旋转指令，G69 是坐标系旋转取消指令。*X*__*Y*__ 是指定旋转坐标系的中心，*R*__ 是指定坐标系旋转的角度。旋转角度为 0° 的方向为第一坐标的正方向，逆时针为角度方向的正方向。不足 1° 的角度用小数点表示，如 8°54′ 用 8.9° 表示，例：

G68 X30.0Y40.5R60.5；

表示坐标系以（30，40）为旋转中心，逆时针旋转 60.5°。

例 9-14：用旋转编程指令编写图 9-16 的外形轮廓 *B* 加工程序，其中外形轮廓 *B* 是由外形轮廓 *A* 绕坐标点（−10，0）旋转 60° 所示。

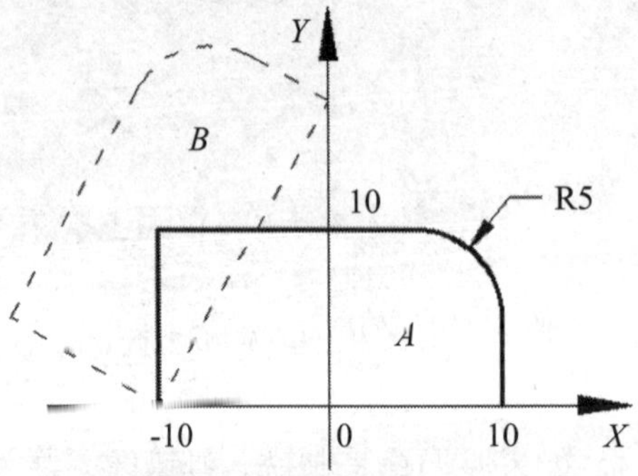

图9-16 坐标系旋转编程实例图

```
O0001;                    （主程序名）
G17 G90 G94 G40 G21 G54;
G91 G28 Z0;
S1000 M03 M08;
```

```
G90 G00 Z50.;                    (初始平面为 50.0mm)
X-10.Y-20.;                      (快速定位至下刀位置)
Z5.;                             (下降至安全高度 5.0mm)
G01 Z-5.F300;
G68 X-20.Y0.R60.;                (绕(-20,0)旋转 60°)
G41 G01 X-10.Y0.D01F500;
Y10.;
X5.;
G02X10.Y5.R5.;
G01Y0.;
X-12.;
G40X-10.Y-20.;                   (取消刀具半径补偿)
G69;                             (取消坐标系旋转)
G90 G00 Z5.;
……
```

2. 坐标系旋转编程说明

（1）在坐标系旋转取消指令（G69）以后的第一个移动指令必须用绝对值（G90）指定，如果用增量值（G91）指定，则所执行的结果不正确。

（2）数控系统数据处理的顺序依次是程序镜像、比例缩放、坐标系旋转、刀具半径补偿，因此，在指定这些指令时，应按顺序指定，取消时，按相反顺序取消。

（3）旋转方式或缩放方式不能指定镜像指令，但在镜像指令中可以指定旋转方式或缩放方式。

（4）如果坐标系旋转指令前有比例缩放指令，则坐标系旋转中心也被缩放，但旋转角度不能缩放。

（5）在坐标系旋转方式中，返回参考点指令（G27、G28、G29、G30）和改变坐标系指令（G54 ~ G59，G92）不能指定。如果要指定其中一个，则必须在取消坐标系旋转后再指定。

例 9-15：在图 9-17 中，已知外形轮廓 *A*，先以（0，0）为基准点执行比例缩放指令，其中 *X* 轴方向的比例为 2.0，*Y* 轴方向的比例为 1.5，得到外形轮廓 *B*，外形轮廓 *B* 绕 *M* 点旋转 75° 得到外形轮廓 *C*，试编写外形轮廓 *C* 的数控程序。

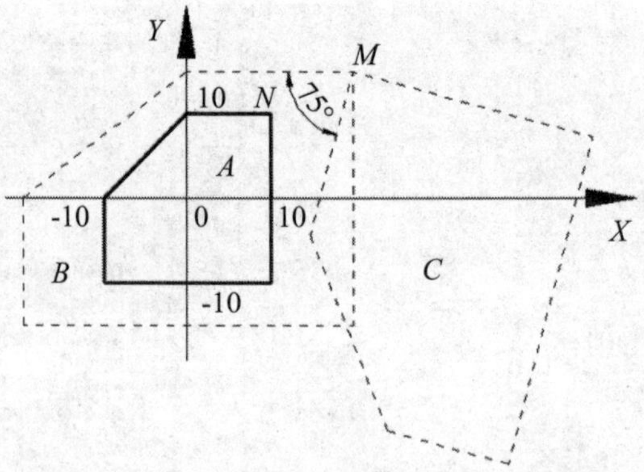

图 9-17　比例缩放与坐标系旋转综合实例

```
O0001；                          （主程序名）
G17 G90 G94 G40 G21 G54；
G91 G28 Z0；
S1000 M03 M08；
G90 G00 Z50.；                   （初始平面为 50.0mm）
X0.Y-0.；                        （快速定位至下刀位置）
Z5.；                            （下降至安全高度 5.0mm）
G51 X0. Y0. I2.0J1.5；           （比例缩放，形成轮廓 B）
G17G68X20.0Y20.0R75.0；          （以（20，20）为基准坐标系旋转 75°）
G00 X-20.Y20.；
G01 Z-5.F300；
G41 X0.Y20.F500.D01；
X20.；
Y-20.；
X-20.；
Y0.；
X0.Y20.；
G40 G69 G51；
……
```

在本程序中，坐标系旋转指令前有比例缩放指令，故旋转中心也被缩放，因此，实际的旋转中心 *M* 点是由缩放前的 *N* 点经比例缩放后得到。

例 9-16：使用旋转功能编程如图 9-15 所示轮廓的加工程序，刀具的起点为（0，0，10）。

```
O0001;                       （主程序名）
G17 G90 G94 G40 G21 G54;
G91 G28 Z0;
S1000 M03 M08;
G90 G00 Z50.;                （初始平面为 50.0mm）
X0.Y0.;                      （快速定位至第一个下刀位置）
Z5.;                         （下降至安全高度 5.0mm）
M98 P1000;                   （调用子程序，加工 A 轮廓）
G68 X0.Y0.R90;               （坐标系旋转 90°）
M98 P1000;                   （调用子程序，加工 B 轮廓）
G68 X0.Y0.R180;              （坐标系旋转 180°）
M98 P1000;                   （调用子程序，加工 C 轮廓）
G68 X0.Y0.R270;              （坐标系旋转 270°）
M98 P1000;                   （调用子程序，加工 D 轮廓）
G69;                         （旋转功能取消）
G00 Z5.;
M09;
M05;
M30;
```

项目 10 数控铣宏程序的应用

学习目标

- 掌握数控铣床非圆曲线的编程方法
- 掌握数控铣床三维构型的编程方法
- 掌握 FANUC 系统宏程序的编程格式与编程方法

10.1 非圆曲线的加工方法

1. 非圆曲线的拟合计算方法

目前大多数数控系统不具备加工非圆曲线的插补功能，在加工非圆曲线时，通常采用拟合的方法进行，常用的拟合方法有等间距法、等插补法和三点定圆法。

1）等间距法

沿一个坐标轴的方向（如果是在极坐标系中，则指径向坐标方向或转角方向），将拟合轮廓进行等分，对其设定节点所进行的坐标值计算方法，称为等间距法，如图 10-1 所示。

采用等间距法编程时，容易控制非圆曲线或立体型面的节点，因此，宏程序普遍采用这种方法。

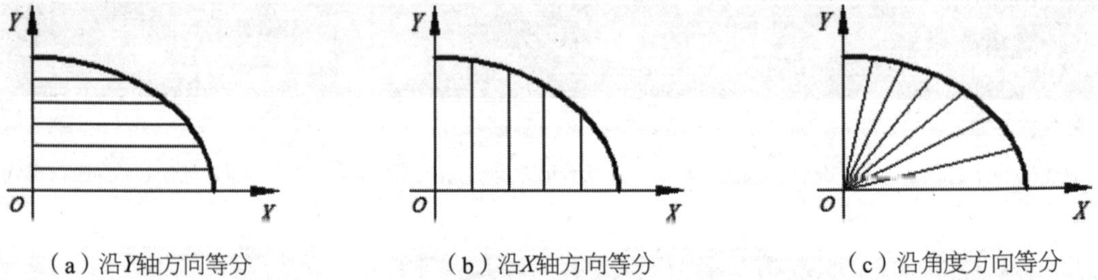

（a）沿*Y*轴方向等分　（b）沿*X*轴方向等分　（c）沿角度方向等分

图10-1　等间距拟合

2）等插补段法

当设定两相邻节点间的弦长相等时，对该轮廓曲线所进行节点坐标值计算方法，称为等插补段法。

3）三点定圆法

通过已知曲线上的三点（包括圆心）作一整圆或圆弧的方法，称为三点定圆法。

这是一种用圆弧拟合非圆曲线时常用的方法。

2. 三维型面母线的拟合方法

在加工三维型面（如球面、斜面、异型面）时，型面上的母线无法直接加工，通常采用短直线（如图 10-2 所示）或圆弧线（如图 10-3 所示）来拟合。

3. 拟合误差分析

非圆曲线与三维型面母线的拟合过程中，不可避免会产生拟合误差，如图 10-4 所示，但其误差值不能超过规定值。

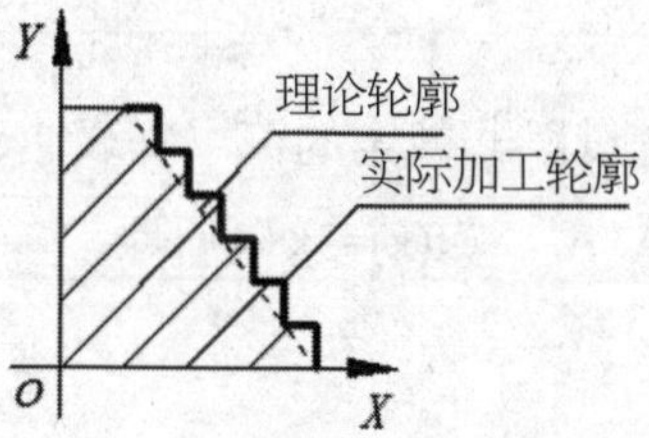

图10-2 短直线拟合

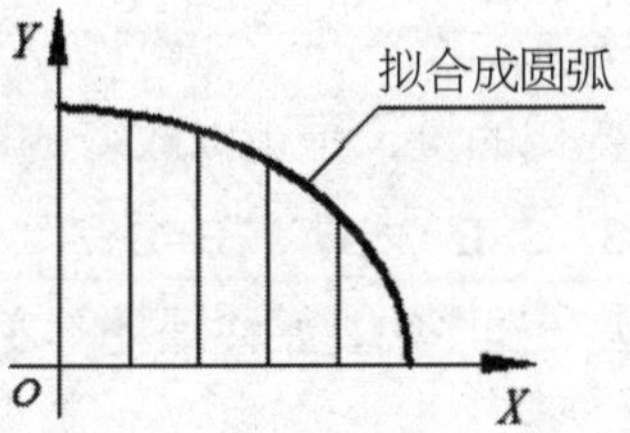

图10-3 圆弧线拟合

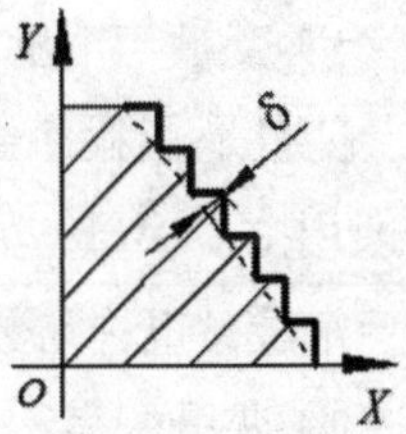

图10-4 拟合误差分析

在实际编程过程中，主要采用以下几种方法来减少拟合误差。

（1）采用合适的拟合方法。相比较而言，采用圆弧拟合方法的拟合误差要小一些。

（2）减小拟合线段的长度。拟合线段的长度越长，拟合误差越大；拟合线段的长度越小，拟合误差越小。

（3）运用计算机软件进行曲线拟合，找到最优拟合方法。

10.2 宏程序的基本概念

1. 宏程序的概念

数控宏程序编程，是指在加工非圆曲线时，用变量的方式进行数控编程的方法。数控宏程序分为 A 类和 B 类宏程序，不论是 A 类还 B 类宏程序，它们运行的效果都是一样的。

A 类宏程序中不能含有“+”“−”“*”“/”“=”“[”“]”等符号。在旧款的 FANUC 控制面板上没有这类符号，所以不能输入这些符号，也不能用这些符号进行赋值及数学运算，所以这些系统只能按 A 类宏程序进行编程。A 类宏程序编写起来也比较费时费力。

B 类宏程序类似于 C 语言编程，含有“+”“−”“*”“/”“=”“[”“]”等符号，应用于新型的数控机床，编程比较方便，在本书中主要讲解 B 类宏程序。

2. 数控宏程序编程优点

（1）用宏程序可以编写一些非圆曲线，如编写椭圆、双曲线、抛物线等。

（2）编写一些大批相似零件的时候，可以用宏程序编写，这样只需要改动几个数据就可以了，没有必要进行大量重复编程。

10.3 B 类宏程序基础

1. B 类宏程序变量

1）变量与常量

变量是指程序中可以变化的量，是可以改变的数。变量以非数字的符号来表达，一般用拉丁字母，如“A=3”“B=3*5”“B=B+3”“A=A*A”“f(x)=3x+4”等。

常量，也称常数，是指在程序中，始终保持不变的量。

2）变量的表示

在 FANUC 系统中，变量可以用两种方式表示，一种是用“#+ 数字”表示，如“#1”“#3”“#20”等。另一种是用表达式表示，但表达式必须全部写入方括号“[”“]”中，如：

#[#1+#2+100]

当 #1=100、#2=20 时，该表达式表示 #220。

3）变量的引用

在程序中可以直接引用表达式，如：

G01 X[#100+#101-40.] Y−#20 F[#102+#103];

如果 #100=100、#101=50、#20=60、#102=80、#103=120 时，则上述表达式为

G01 X110. Y−60 F200;

2. 变量的赋值

变量的赋值有两种方法，一种是直接赋值，另一种是引数赋值。

1）直接赋值

直接赋值是指在操作面板上在“MDI”模式下直接给变量赋值，也可以在程序中以等式的方式赋值，但等号的左边不能用表达式。在实际编程时，大多采用等式赋值，如：

```
#100=50.0;
#120=30.0*20.0;
```

2）引数赋值

当宏程序以子程序的方式出现时，所用的变量可在宏程序调用时自动赋值，例：

G65 P1000 X100.0 Y30.0 Z20.0 F1000；

这里的 X、Y、Z 不代表坐标值，F 也不代表进给值，而是对应于宏程序中的变量号，变量的具体数值由引数后的数值决定。引数宏程序体中的变量对应关系有两种，如表 10-1 及表 10-2 所示。这两种方法可以混用，其中 G、L、N、O、P 不用作为引数代替变赋值。

表 10-1　变量赋值方法 I

引数	变量	引数	变量	引数	变量	引数	变量
A	#1	I_2	#10	I_6	#19	I_9	I_{28}
B	#2	J_2	#11	J_6	#20	J_9	J_{29}
C	#3	K_3	#12	K_6	#21	K_9	K_{30}
I_1	#4	I_2	#13	I_7	#22	I_{10}	I_{31}
J_1	#5	J_2	#14	J_7	#23	J_{10}	J_{32}
K_1	#6	K_3	#15	K_7	#24	K_{10}	K_{33}
I_2	#7	I_5	#16	I_8	#25		
J_2	#8	J_5	#17	J_8	#26		
K_2	#9	K_5	#18	K_8	#27		

备注：标号表示在程序段时重复出现的次数，如表示第2次出现的。

表 10-2　变量赋值方法 II

引数	变量	引数	变量	引数	变量	引数	变量
A	#1	H	#11	R	#18	X	#24
B	#2	I	#4	S	#19	Y	#25
C	#3	J	#5	T	#20	Z	#26
D	#7	K	#6	U	#21		
E	#8	M	#13	V	#22		
F	#9	Q	#17	W	#23		

3）变量赋值方法举例

（1）变量赋值方法 I 。

G65 P1000 A50.0 I30.0 J100.0 K40.0 I30.0 J100.0 K20.0;

上述程序段中，重复出现 I、J、K，按表 10-1《变量赋值方法Ⅰ》查找对应值，第 1 个 I30.0 表示 #4=30.0，第 2 个 I30.0 表示 #7=30.0，第 1 个 J100.0 表示 #5=100.0，第 2 个 J100.0 表示 #8=100.0，第 1 个 K40.0 表示 #6=40.0，第 2 个 K20.0 表示 #9=20.0。

经过上面的赋值后，#1=50.0，#4=30.0，#7=30.0，#5=100.0，#8=100.0，#6=40.0，#9=20.0。

（2）变量赋值方法Ⅱ。

G65 P0020 A50.0 X30.0 F100.0;

经过上面的赋值后，表 10-2《变量赋值方法Ⅱ》查找对应值，#1=50.0，#24=30.0，#9=100.0。

（3）变量赋值方法Ⅰ和方法Ⅱ混合使用。

G65 P0030 A60.0 J40.0 I100.0 K0 J40.0 K0 F100.0;

上述程序段中，重复出现 J、K，按表 10-1《变量赋值方法Ⅰ》查找对应值，第 1 个 J40.0 表示 #5=40.0，第 2 个 J40.0 表示 #8=40.0，第 1 个 K0 表示 #6=0，第 2 个 K0 表示 #9=0。经过赋值后，出现 2 个 #9，则后一个 #9 覆盖前一个 #9。

经过上面的赋值后，#1=60.0，#5=40.0，#4=100.0，#6=0，#8=40.0，#9=100.0。

3. 宏程序运算指令

B 类宏程序的运算指令类似于数学运算，仍用各种数学符号来表示，常用的数学符号见表 10-3。

表 10-3　B 类宏程序的变量运算

功能	格式	功能	格式
赋值	#i=5	绝对值	#i=ABS[#j]
加法	#i=#j+#k	四舍五入	#i=ROUND[#j]
减法	#i=#j−#k	上取整数	#i=FIX[#j]
乘法	#i=#j*#k	下取整数	#i=FUP[#j]
除法	#i=#j/#k	自然对数	#i=LN[#j]
正弦	#i=SIN[#j]	指数函数	#i=EXP[#j]
反正弦	#i=ASIN[#j]	或	#i=#j OR #k
余弦	#i=COS[#j]	异或	#i=#j XOR #k
反余弦	#i=ACOS[#j]	与	#i=#j AND #k
正切	#i=TAN[#j]	BCD 转 BIN	#i=BIN[#j]
反正切	#i=ATAN[#j]	BIN 转 BCD	#i=BCD[#j]
平方根	#i=SQRT[#j]		

（1）三角函数 SIN、COS 等的角度单位是度，分和秒要换算成带小数点的度，如 90°30′ 应换算成 90.5°，30°18′ 应换算成 30.3°。

（2）宏程序数学运算符号的顺序依次为：括号、函数运算（SIN、COS、ATAN 等）、乘和除运算、加和减运算，如：

#1=#2+#3*SIN[[#4+#5]*3+#6]]

运算顺序依次是：

①先计算括号中的代数式 #4+#5；

②计算代数式 [#4+#5]*3

③计算代数式 [#4+#5]*3+#6

④函数 SIN[[#4+#5]*3+#6]]；

⑤乘、除运算 #3*SIN[[#4+#5]*3+#6]]

⑥加、减运算 #2+#3*SIN[[#4+#5]*3+#6]]

（3）当执行上取整（#i=FIX[#j]）运算时，结果是取小于该数的最大整数；当执行下取整（#i=FUP[#j]）运算时，结果是取大于该数的最小整数。例：

设 #1=1.2， 当 执 时 #3=FUP[#1] 时， 则 #3=2.0； 当 执 时 #3=FIX[#1] 时， 则 #3=1.0。

设 #2=−1.2，当执时 #3=FUP[#2] 时，则 #3=−1.0；当执时 #3=FIX[#2] 时，则 #3=−2.0。

4. 宏程序转移指令

转移指令，也称为跳转指令，它能改变程序的执行顺序，不按编写的顺序执行，控制程序从哪个程序段开始执行的作用。这类指令包括无条件转移指令、条件转换指令和循环指令。

1）无条件转移指令

GOTO n;

例 GOTO 100；

当执行该程序段时，将无条件转移到从 N100 程序段开始执行。

2）条件转移令件

IF [条件表达式] GOTO n;

例 IF[#1GT#100] GOTO 300；

当执行该程序段时，先判断“#1GT#100”是否成立，如果“#1GT#100”成立，将转移到从 N300 程序段开始执行，如果“#1GT#100”不成立，则继续执行下一程序段，条件表达式的种类见表 10-4 所示。

表 10-4　B 条件表达式种类

符号	意义	符号	意义
EQ	等于（=）	GE	大于或等于（≥）
NE	不等于（≠）	LT	小于（<）
GT	大于（>）	LE	小于或等于（≤）

3）循环指令

WHILE [条件表达式] DO *n*;

……

END *m*;

当执行循环指令时，先判断 [条件表达式] 是否成立，如果 [条件表达式] 成立，则继续执行 WHILE 与 END 之间的程序段，如果 [条件表达式] 不成立，就从“END *m*”的下一个程序段开始执行。

10.4　B 类宏程序编程举例

例 10-1：用宏程序编写 1 ~ 100 的求和程序。

用 WHILE 语句编写	用 IF 语句编写
O0100; #1=0;　　（总和初始值） #2=1;　　（初始值） N30 WHILE[#2 LE 100] DO1; #1=#1+#2;　　（开始累加） #2=#2+1;　　（#2 递增 1） GOTO 30; END 1; …… 循环结束后，#1=1050	O0100; #1=0;　　（总和初始值） #2=1;　　（初始值） N30 #1=#1+#2;　　（开始累加） #2=#2+1;　　（#2 递增 1） IF[#2 LE 100] GOTO30 …… 循环结束后，#1=1050

例 10-2：试用 B 类宏程序编写图 10-5 所示的椭圆轮廓加工程序，椭圆的参数方程为 X=A*cos θ，Y=B*sin θ，其中 A 为长半轴，B 为短半轴，所用刀具为立铣刀。

```
O0001;
G17 G90 G94 G40 G21 G54;
G91 G28 Z0;
S1000 M03 M08;
G90 G00 Z10.;
#1=15.0;                  (长半轴)
#2=10.0;                  (短半轴)
#3=0.0                    (角度变量赋初值)
X[#1+10.] Y0.;            (下刀点)
G01 Z-5.0 F500;           (背吃刀量为 5mm)
WHILE [#3 GE -360] D01    (当角度值大于等于 -360° 时，执行循环)
G41 X[#1] Y[#2] D01F600;  (左刀补)
#3=#3-0.1;    (角度值每次增量为 -0.1° ，顺时针铣削，角度增量为负)
#1=15.0*COS[#3];
#2=10.0*SIN[#3];
END1;
G40 G00 G91 X10.0;        (退回到进刀点)
Z10.0;
M05;
M30;
```

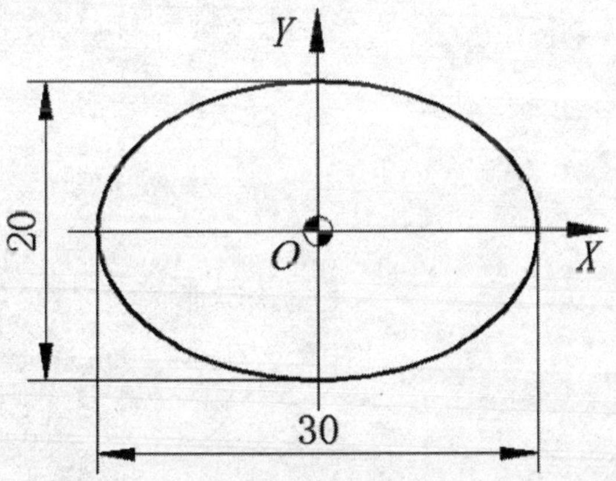

图10-5　椭圆轮廓

例 10-3：试用 B 类宏程序编写图 10-6 所示的椭圆凸台加工程序，刀具为立铣刀。

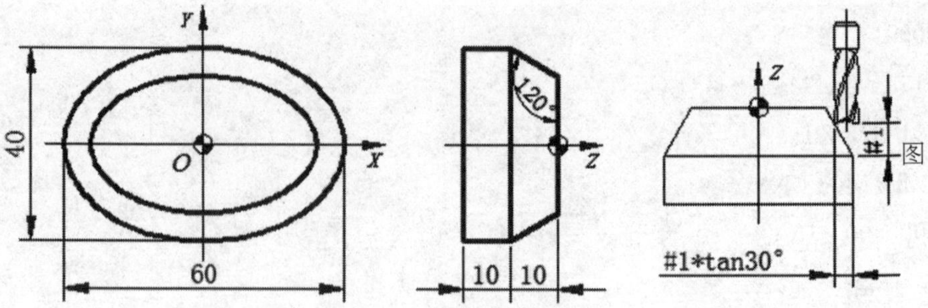

10-6　B类宏程序编程实例

编程思路：加工椭圆轮廓时，以角度θ为自变量，椭圆轮廓上各点的坐标为（A*cos θ，B*sin θ），A 为长半轴，B 为短半轴。对于椭圆台的锥度加工，如果采用从下往上加工的方法，当刀具每抬高 δ 时，长半轴及短半轴将减小 δ*tan30°，因此高度方向用抬高量 δ 作为自变量，本例只考虑精加工，加工程序如下。

```
O0100;
G17 G90 G94 G40 G21 G54;
G91 G28 Z0;
S1000 M03 M08;
G90 G00 X50.Y0.;                （进刀位置）
G43 Z10. H01;                   （执行刀具长度补偿）
G01 Z0. F500;
M98 P0200 L4;               （加工椭圆圆柱，Z 向分层切削，背吃刀量为 5mm）
G90 G01 Z20.0 F500;
M98 P0300;                      （调用宏程序，加工椭圆圆台斜面）
G91 G28 Z0.0;
M05;
M30;

O0200;                          （加工椭圆圆柱的子程序）
G01 W-5.0 F500;                 （背吃刀量为 5mm）
G90;
#103=360.0;                     （角度变量赋初值）
N100 #104=30.0*COS（#103）;     （X 坐标值）
#105=20.0*SIN（#103）;          （Y 坐标值）
G41 G01 X[#104] Y[#105] D01;
```

```
#103=#103-0.1;                （角度值每次增量为 −0.1°）
IF [#103 GE 0] GOTO 100;      （如果角度大于等于 0，则从 N100 执行程序）
G40 G00 X40.0 Y0.;
M99;

O0300;                        （加工椭圆圆台的子程序）
#1=0;                         （刀位点到底平面的高度）
#2=30.0;                      （长半轴）
#3=20.0;                      （短半轴）
N200 #4=360.0;                （角度变量）
G01 Z[-10.0+#1].F100;
N300 #5=#2*COS[#4];           （刀尖处 X 坐标）
#6=#3*SIN[#4];                （刀尖处 Y 坐标）
G41 G01 X[#5] Y[#6] D01;
#4=#4-0.1;                    （角度增量为 −0.1）
IF [#4 GT 0] GOTO 300;
G40 G01 X40.0 Y0.0;
#1=#1+0.2;                    （每次提升 0.2mm）
#2=30.0−#1*TAN[30.0];
#3=20.0−#1*TAN[30.0];
IF [#1 LE 10.0] GOTO 200;
M99;
```

例 10-4：试用变量引数赋值方法，编写图 10-7 所示的半圆球数控铣加工程序，所用刀具为立铣刀。（假设工件底面的中心为工件坐标系的原点。）

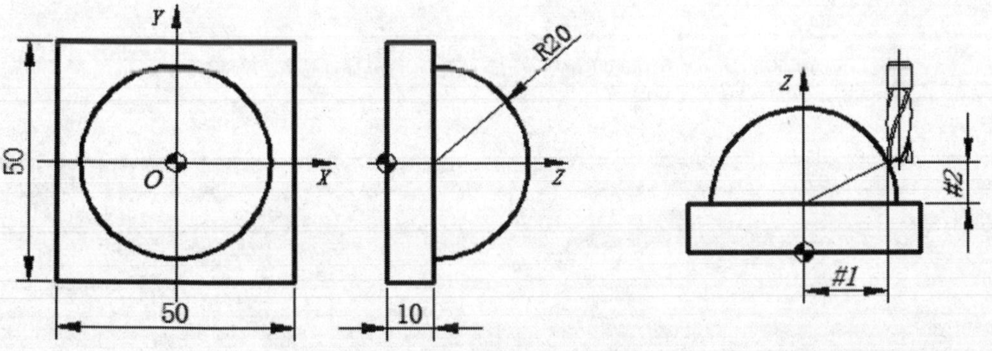

图10-7 变量引数赋值编程实例

```
O0100;
G17 G90 G94 G40 G21 G54;
G91 G28 Z0;
S1000 M03 M08;
G90 G00 X40.Y0.;                    (进刀位置)
G43 Z35. H01;                       (执行刀具长度补偿)
G65 P0010 Z10.0 A20.0 B0 R20.0;     (赋值后，#26=10.0， #1=20.0，#2=0，
                                     #18=20.0)
G49 G91 G28 Z0;                     (取消刀具长度补偿)
M05;
M30;

O0010;                              (精加工程序)
N100 G01 Z#26 F500;
     X#1;
G41 G02 X#1 Y0 I[-#1] J0 D01;
#2=#2+0.1;                          (每层切削提升 0.1)
#1=SQRT[#18*#18-#2*#2];
#26=10.0+#2;
IF [#26 LE 30.0] GOTO 100;
G40 G90 G00 Z35;
M99;
```

项目 11 数控车床简介

学习目标

- 掌握数控车床的基本结构
- 了解数控车床前置刀架和后置刀架的区别
- 了解数控车床机床参考点的位置
- 了解数控车床工件坐标系的建立步骤

11.1 车床的基本知识

1. 普通车床

车床是是目前广泛使用的数控机床之一，主要用于加工轴类、盘类等回转体零件，它能够加工内圆柱面、外圆柱面、锥面、螺纹等工序，并能够进行切槽、钻孔、扩孔、铰孔等加工工作。

普通机床的主要组成部件有：主轴箱、进给箱、溜板箱、卡盘、刀架、尾架、光杠、丝杠和床身，如图 11-1 所示。

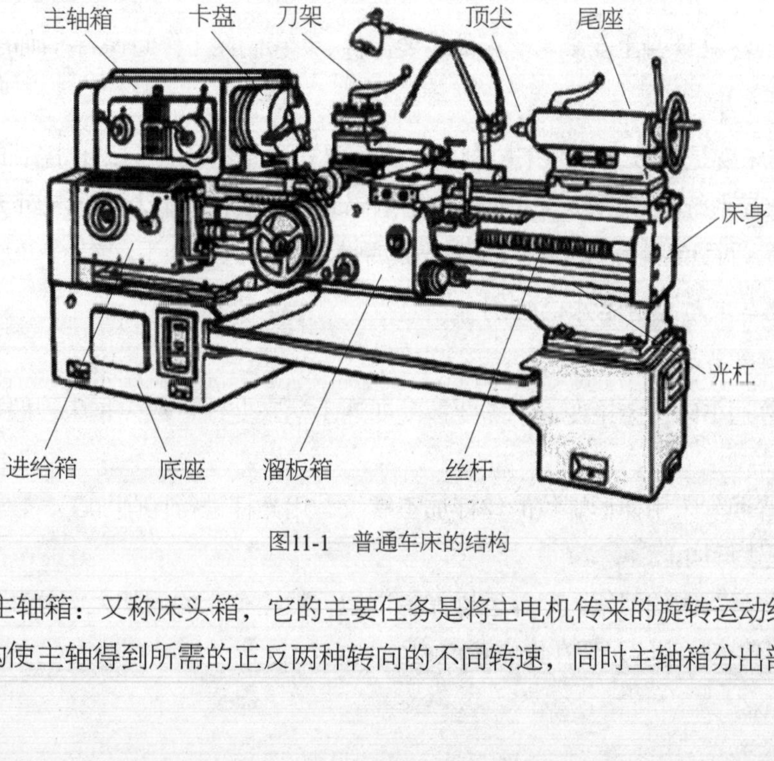

图11-1 普通车床的结构

（1）主轴箱：又称床头箱，它的主要任务是将主电机传来的旋转运动经过一系列的变速机构使主轴得到所需的正反两种转向的不同转速，同时主轴箱分出部分动力将运动传给进给箱。主轴箱中的主轴是车床的关键零件。主轴在轴承上运转的平稳性直接影响工件的加工质量，一旦主轴的旋转精度降低，则机床的使用价值就会降低。

（2）进给箱：又称走刀箱，进给箱中装有进给运动的变速机构，调整其变速机构，可得到所需的进给量或螺距，通过光杠或丝杠将运动传至刀架以进行切削。

（3）丝杠与光杠：用以联接进给箱与溜板箱，并把进给箱的运动和动力传给溜板箱，使普通车床溜板箱获得纵向直线运动。丝杠是专门用来车削各种螺纹而设置的，在进工件的其他表面车削时，只用光杠，不用丝杠。

（4）溜板箱：是机床进给运动的操纵箱，内装有将光杠和丝杠的旋转运动变成刀架直线运动的机构，通过光杠传动实现刀架的纵向进给运动、横向进给运动和快速移动，通过丝杠带动刀架作纵向直线运动，以便车削螺纹。

（5）卡盘：是机床上用来夹紧工件的机械装置。利用均匀分布在卡盘体上的活动卡爪的径向移动，把工件夹紧和定位的机床附件。卡盘一般由卡盘体、活动卡爪和卡爪驱动机构 3 部分组成。卡盘体直径最小为 65mm，最大可达 1500mm，中央有通孔，以便通过工件或棒料；背部有圆柱形或短锥形结构，直接或通过法兰盘与机床主轴端部相联接。

（6）刀架：刀架部件由几层刀架组成，它的功能是装夹刀具，使刀具作纵向、横向或斜向进给运动。

（7）尾座：安装作定位支撑用的后顶尖，也可以安装钻头、铰刀等孔加工刀具来进行孔加工。

（8）床身：在床身上安装着车床的主要部件，使它们在工作时保持准确的相对位置。

2. 数控车床

数控车床就是用数字程序来控制的车床，是一种带有程序自动化控制的车床。数控车床的数控系统能够用数字来处理控制编码或者是其他符号指令所规定的程序，然后进行编译，再让整个车床的动作能够按照原木的程序进行加工。

3. 数控车床与普通车床的区别

1）机械部分的区别

（1）普通车床用齿轮变速，需要扳动变速手柄来变速，数控车床一般用数控程序变速。

（2）普通车床用梯形螺纹的丝杆加工螺纹，用光杆进行切削加工，数控车床都是用滚珠丝杠进行加工。

（3）普通车床的刀架一般靠近操作者这边，数控车床的刀架大部分在操作者的对面，经济型数控车床的刀架在操作者这边。

（4）普通车床的导轨都是硬轨，数控车床的导轨有硬轨和线轨。

（5）普通车床有大拖板手柄、中拖板手柄、小拖板手柄，数控车床没有这些手柄，而且没有小拖板。

2）电气部分的区别

（1）普通车床主轴电机一般是普通电机，数控车床的主轴电机往往是用变频电机或者伺服电机。

（2）普通车床的主轴、进给、冷却泵都是人工控制的，数控车床是用数控程序控制的。（也可以手动。）

（3）普通车床没有数控装置，数控车床有数控装置。

4. 车床的特点

（1）低频力矩大、输出平稳。

（2）高性能矢量控制。

（3）转矩动态响应快、稳速精度高。

（4）减速停车速度快。

（5）抗干扰能力强。

11.2 数控车床的坐标系

在数控车床中，刀架有两种放置方式：一种是前置刀架，如图 11-2 所示；另一种是后置刀架，如图 11-3 所示。

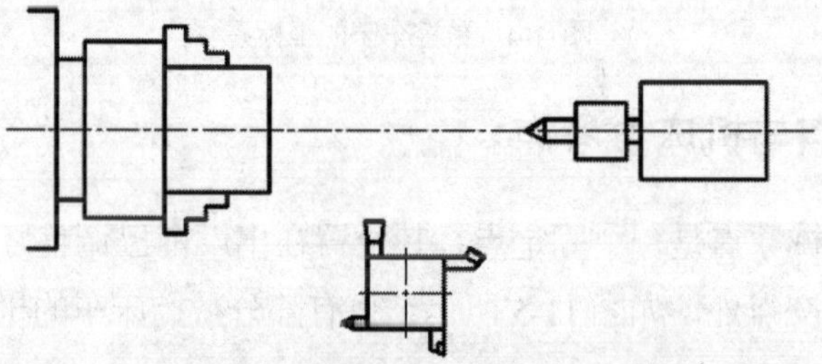

图11-2 前置刀架

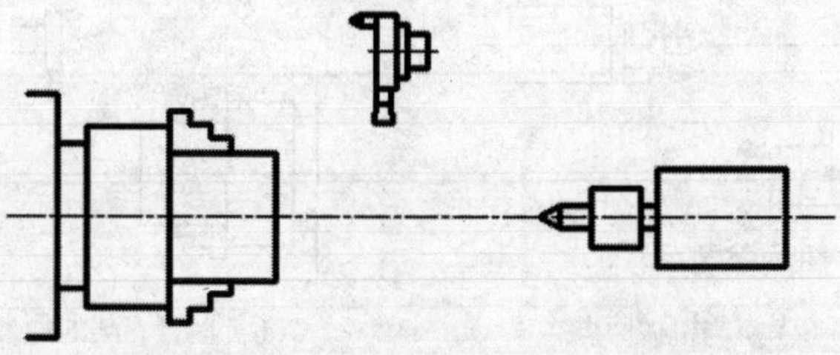

图11-3 后置刀架

1. 前置刀架

前置刀架与普通卧式车床刀架的布置形式一样，刀架导轨为水平导轨，使用四工位电动刀架。

2. 后置刀架

后置刀架的导轨位置与正平面倾斜，这样的结构形式便于观察刀具的切削过程、切屑容易排除、后置空间大，可以设计更多工位的刀架，一般多功能的数控车床都设计为后置刀架。

在数控车床的坐标系中，只有两个轴：工件的轴线方向为 Z 轴，工件的半径方向为 X 轴，两者都是以远离工件的方法为正方向，如图 11-4 所示。

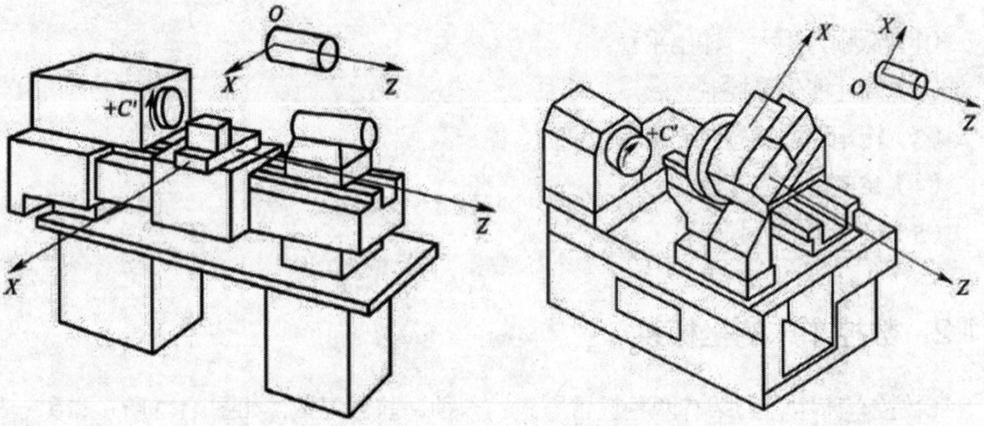

（a）前置刀架的坐标系　　（b）后置刀架的坐标系

图11-4　数控车床的坐标系

11.3　机床原点与机床参考点

数控车床的机械原点是一个固定点，其位置在出厂前已调整好，一般位于卡盘后端面与主轴轴线的交点处，如图 11-5 所示，也有部分数控床车的机械原点位于正的极限点上。

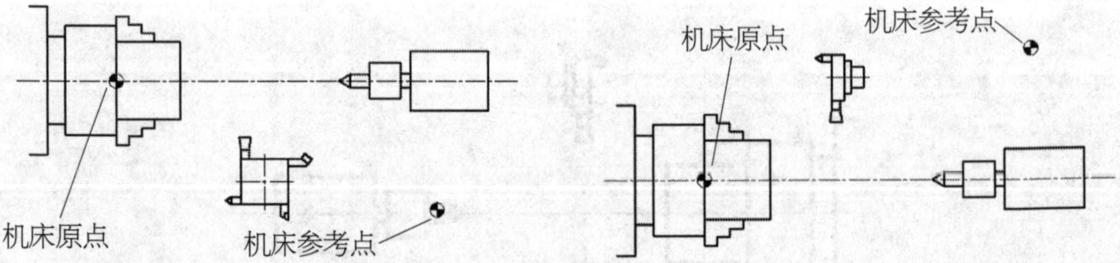

（a）前置刀架的参考点与机械原点　　（b）后置刀架的的参考点与机械原点

图11-5　机床参考点与机械原点

数控车床的参考点是机床上的一个固定点，与机床原点的相对位置关系是固定的，其位置由机床上的机械挡块或限位行程开关确定。数控车床的参考点一般位于刀具正向移动的行程极限位置，如图 11-5 所示。一般情况下，机床通电启动后，应进行返回参考点操作，以建立正确的机床坐标系。

11.4 工件坐标系与工件原点

1. 工件坐标系

工件坐标系是编程时使用的坐标系，又称为编程坐标系。在进行数控编程前，应选建立编程坐标系。

2. 工件原点

工件原点又称为编程原点或程序原点，是由编程人员人为设定的。从理论上讲，工件坐标原点可以设定在机床坐标系的任意位置，但在实际工作中，为了更好地操作机床，数控车床的工件原点一般设在主轴中心线与工件左端面或右端面的交点处，如图 11-6 所示。

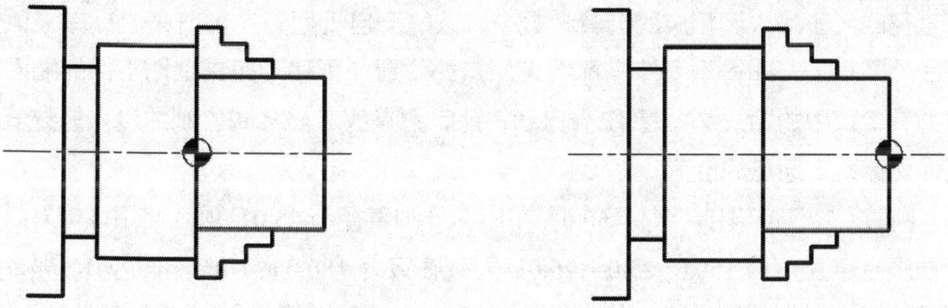

（a）设在主轴中心线与工件左端面的交点处　　（b）设在主轴中心线与工件右端面的交点处

图11-6　工件坐标原点

11.5 车床刀具补正

1. 刀具补正的目的

把刀具安装在数控车床的刀架上后，由于刀具的几何形状及安装位置不同，其刀位点距离工件轴线的距离也不相同，如图 11-7 所示。为了实现不同的刀具在同一坐标系中加工零件的目的，引入了刀具补偿指令。在数控车床中，刀具补偿的实质是确定刀尖（或刀心）位置与工件轴线的距离。

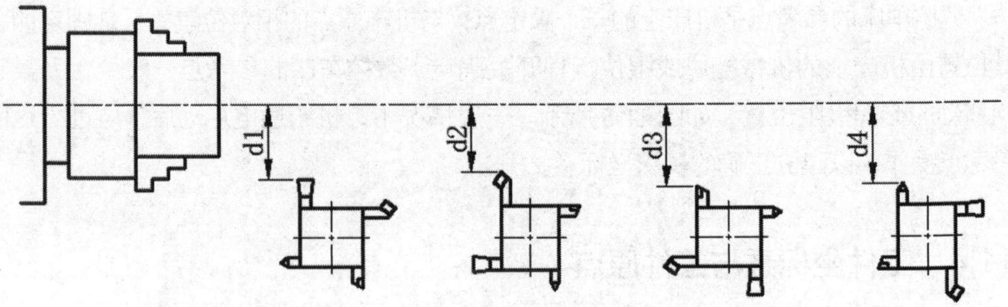

图11-7　不同刀具的刀位点距离工件轴线的距离不相同

2. 刀补的测量方法

刀补值的测量过程称为对刀，在数控车床中，常用的对刀方法有两种：试切法对刀和对刀仪对刀。

1）试切法对刀

试切法对刀是实际中应用的最多的一种对刀方法，试切法对刀的一般流程如下：

工件和刀具装夹完毕，驱动主轴旋转，移动外圆刀试切一段外圆。然后保持 X 坐标不变移动，刀具沿 Z 轴正方向离开工件，用千分尺或游标卡尺测量出该段外圆的直径。将直径的大小输入到相应的刀具参数中，系统会自动用刀具当前 X 坐标减去试切出的那段外圆直径，即得到工件坐标系 X 原点的位置。再移动刀具试切工件的端面，在相应刀具参数中的输入 Z0，系统会自动将此时刀具的 Z 坐标减去刚才输入的数值，即得工件坐标系 Z 原点的位置。

例如，2# 刀刀架在 X 为 150.0、车出的外圆直径为 25.0，那么使用该把刀具切削时的程序原点 X 值为 150.0−25.0=125.0；刀架在 Z 为 180.0 时切的端面为 0，那么使用该把刀具切削时的程序原点 Z 值为 180.0−0=180.0。分别将（25.0，0）存入到 2# 刀具参数中的 X 与 Z 中，在程序中使用 T0202 就可以成功建立出工件坐标系。

事实上，找工件原点在机械坐标系中的位置并不是求该点的实际位置，而是找刀尖点到达（0，0）时刀架的位置。采用这种方法对刀一般不使用标准刀。

2）对刀仪自动对刀

很多车床上都装备了对刀仪，车床对刀仪有两个互相垂直的接触面，如图 11-8 所示。

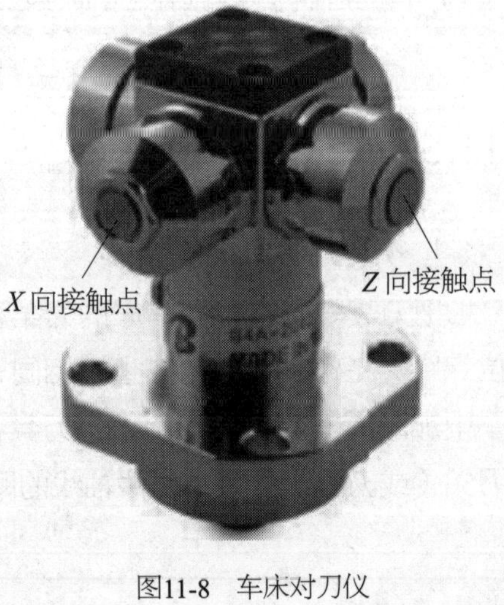

图11-8　车床对刀仪

使用对刀仪对刀可免去测量时产生的误差，大大提高对刀精度。由于使用对刀仪可以自动计算其

他刀与标准刀在 X 向与 Z 向的差值，并将其存入系统中，在加工另外的零件的时候就只需要对标准刀，这样就大大节约了时间。需要注意的是使用对刀仪对刀时，一般都设有标准刀具，在对刀的时候先对标准刀。使用对刀仪对刀的一般流程如下（假设标准刀安装在 1# 刀位）：

（1）先对标准刀：将标准刀的刀尖随刀架向已设定好位置的对刀仪位置检测点移动并与之接触，直到内部电路接通发出电信号（通常我们可以听到嘀嘀声并且有指示灯显示），表示刀尖与对刀仪的接触点刚好接触。在 1# 刀尖接触到对刀仪 X 向的接触点时，将 X 的相对坐标设为 0，并将刀具所在点的 X 坐标存入到 G01 的 X 中；在刀尖接触到对刀仪 Z 向的接触点时，将 Z 的相对坐标设为 0，并将刀具所在点的 Z 坐标存入到 G01 的 Z 中。

（2）再对 2# 刀：在 2# 刀尖接触到对刀仪 X 向的接触点时，将刀具所在点的 X 坐标与标准刀具 X 坐标的相对值存入到 G02 的 X 向补正值中；在刀尖接触到对刀仪 Z 向的接触点时，将刀具所在点的 Z 坐标与标准刀具 Z 坐标的相对值存入到 G02 的 Z 向补正值中。

（3）然后对其他刀，对其他刀具时，按照对 2# 刀具的方法进行操作。

事实上，在上一步的操作中对好了标准刀具以及其他刀具相对于标准刀在 X 方向与 Z 方向的相对值。由于对刀仪在机械坐标系中的位置总是一定的，所以在更换工件后，只需要用标准刀对新工件的 Z 坐标原点就可以了。

11.6 数控车床的操作规程

1. 开车前的检查

（1）根据机床润滑图表加注合适的润滑油脂。

（2）检查各部电气设施、手柄、传动部位、防护、限位装置齐全可靠、灵活。

（3）各档应在零位，皮带松紧应符合要求。

（4）机床表面不准直接存放金属物件，以免损坏机床表面。

（5）待加工的工件无泥砂，防止泥砂掉入拖板内、磨坏导轨。

（6）未装夹工件前必须进行空车试运转，确认一切正常后，方能装夹工件。

2. 操作程序

（1）装夹好工件后，先起动润滑油泵，使油压达到机床的规定，方可开动。

（2）调整交换齿轮架，调挂轮时，必须切断电源。调好后，所有螺栓必须紧固，扳手应及时取下，并脱开工件试运转。

（3）装卸工件后，应立即取下卡盘扳手和工件的浮动物件。

（4）机床的尾架、摇柄等按加工需要调整到适当位置，并紧固或夹紧。

（5）工件、刀具、夹具必须装卡牢固。

（6）使用中心架或跟刀架时，必须调好中心，并有良好的润滑和支承接触面。

（7）加工长料时，主轴后面伸出的部分不宜过长。若过长应装上托料架，并挂危险标记。

（8）进刀时，刀要缓慢接近工作，避免碰击；拖板来回的速度要均匀。换刀时，刀具与工件必须保持适当距离。

（9）切削车刀必须紧固，车刀伸出长度一般不超过刀厚度的 2.5 倍。

（10）加工偏心件时，必须有适当的配重块，使卡盘重心平衡，车速要适当。

（11）对刀时必须缓慢，当刀尖离工件加工部位 40 ~ 60mm 时，应改用手动或工作进给，不准快速进给直接吃刀。

（12）用锉刀打磨工件时，应将刀架退至安全位置，操作者应面向卡盘，右手在前，左手在后。表面有键槽，方孔的工件禁止用锉刀加工。

（13）用砂布打磨工件外圆时，操作者按上条规定的姿势，两手拉着砂布两头进行打磨。禁止用手指夹持砂布打磨内孔。

（14）自动走刀时，应将小刀架调到与底座平齐，以防底座碰到卡盘。

（15）切断大、重工件或材料时，应留有足够的加工余量。

3. 停车操作

（1）切断电源、卸下工件。

（2）各部手柄打到零位，清点工器具，打扫清洁。

（3）检查各部保护装置的情况。

4. 运行中的注意事项

（1）必须在老师的指导下操作机床，严禁非法操作机床。

（2）严禁运行中手摸刀具、机床的转动部分或转动工件。

（3）不准使用紧急停车，如遇紧急情况用该按钮停车后，应按机床的启动前规定，重新检查一遍。

（4）不许脚踏车床的导轨面、丝杆、光杆等，除规定外不准用脚代替手操作手柄。

（5）对于内壁具有砂眼、缩孔或有键槽的零件，不准用三角刮刀削内孔。

（6）气动或液压卡盘的压缩空气或液体的压力必须达到规定值，方可使用。

（7）车削细长工件，在车床前面伸出卡盘的长度超过直径 4 倍以上时，应按工艺规定用顶尖、中心架或跟刀架支扶。在车床后面伸出的工件，应加防护装置和警告标志。

（8）切削脆性金属或切削易飞溅时（包括磨削），应加防护挡板，操作人要戴防护眼镜。

项目 12 数控车床常用功能指令

学习目标

- 了解数控车床常用的编程指令 F、S、T、M
- 了解每分钟进给与每转进给的区别
- 了解数控车与数控铣功能指令的不同之处
- 掌握数控车床的插补指令 G00、G01、G02、G03
- 掌握圆弧半径补偿指令 G41、G42、G40
- 掌握工件坐标系设置指令 G50
- 掌握暂停指令 G04
- 掌握参考点返回指令 G27、G28、G30
- 掌握速度量纲指令 G98、G99
- 掌握螺纹车削指令 G32

12.1 F 功能

F 功能指令用于控制车削进给量。在程序中，有两种使用方法。

1. 每转进给量

1）指令格式

G95 F__；

2）指令说明

F 后面的数字表示的是主轴每转进给量，单位为 mm/r。

例：G95 F0.2 表示每转进给量为 0.2mm/r。

2. 每分钟进给量

1）编程格式

G94 F__；

2）指令说明

F 后面的数字表示的是每分钟进给量，单位为 mm/min。

例：G94 F100 表示每分钟进给量为 100mm/min。

12.2 S 功能

S 功能指令用于控制主轴转速。

1. 编程格式

S__;

2. 指令说明

S 后面的数字表示主轴转速，单位为 r/min。在具有恒线速功能的机床上，S 功能指令还有限制最高转速作用：

编程格式

G50 S__;

S 后面的数字表示的是最高转速，单位为 r/min。

例：G50 S3000 表示最高转速限制为 3000r/min。

12.3 T 功能

T 功能指令用于选择加工所用刀具。

1. 编程格式

T__;

2. 指令说明

T 后面通常有两位数，表示所选择的刀具号码。但也有 T 后面用四位数字，前两位是刀具号，后两位是刀具长度补偿号，又是刀尖圆弧半径补偿号。

例：T0303 表示选用 3 号刀及 3 号刀具长度补偿值和刀尖圆弧半径补偿值。

T0300 表示取消刀具补偿。

12.4 M 功能

M00：程序暂停，可用 NC 启动命令（CYCLE START）使程序继续运行；

M01：计划暂停，与 M00 作用相似，但 M01 可以用机床“任选停止按钮”选择是否有效；

M03：主轴顺时针旋转；

M04：主轴逆时针旋转；

M05：主轴旋转停止；

M08：冷却液开；

M09：冷却液关；

M30：程序停止，程序复位到起始位置。

12.5 工件坐标系设置 G50

1. 编程格式

G50 X__Z__；

2. 指令说明

式中 *X*、*Z* 的值是起刀点相对于加工原点的位置。G50 使用方法与 G92 类似。

12.6 快速定位指令 G00

G00 指令命令机床以最快速度运动到下一个目标位置，运动过程中有加速和减速，该指令对运动轨迹没有要求。

1. 编程格式

G00 X（U）__Z（W）__；

2. 指令说明

当用绝对值编程时，*X*、*Z* 后面的数值是目标位置在工件坐标系的坐标。当用相对值编程时，*U*、*W* 后面的数值则是当前点与目标点之间的相对距离。

例 12-1：试分别用相对坐标和绝对坐标编写如图 12-1 所示程序。

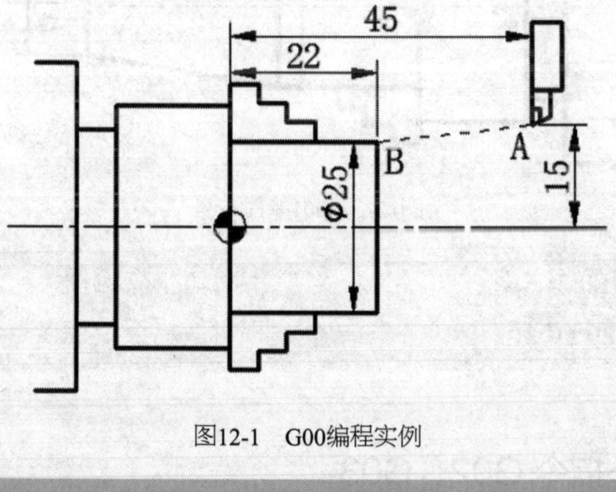

图12-1　G00编程实例

G50 X30.0 Z45.0；	设定工件坐标系
G00 X25.0 Z22.0；	绝对值指令编程 A → B

或 G00 U-5.0 W-23.0；	相对值指令编程 A → B

在数控车床中，*X* 方向的坐标值用直径表示，所以 *A* 点的 *X* 坐标值是 30，*B* 点的 *X* 坐标值是 25。

12.7 直线插补指令 G01

G01 指令命令机床刀具以一定的进给速度从当前所在位置沿直线移动到指令给出的目标位置。

1. 编程格式

G01 X（U）__Z（W）__F__；

2. 指令说明

其中 *F* 是车削进给率或进给速度，单位为 mm/r 或 mm/min，取决于该指令前面程序段的设置。使用 G01 指令时可以采用绝对坐标编程，也可采用相对坐标编程。当采用绝对坐编程时，数控系统在接受 G01 指令后，刀具将移至坐标值为 *X*、*Z* 的点上；当采用相对坐编程时，刀具移至与当前点的距离为 *U*、*W* 值的点上。

例 12-2：试分别用相对坐标和绝对坐标编写如图 12-2 所示程序。

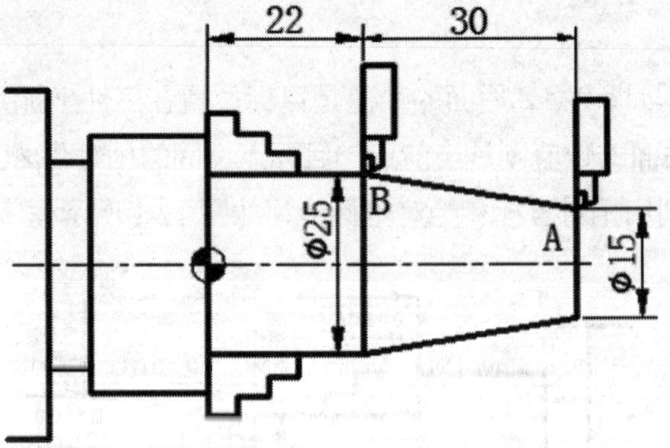

图12-2　G01编程实例

G01 X25.0 Z22. F0.2；	绝对值指令编程
G01 U10.0 W-30.0 F0.2；	相对值指令编程

12.8 圆弧插补指令 G02、G03

圆弧插补指令命令刀具在指定平面内按给定的 *F* 进给速度作圆弧插补运动，用于加工圆弧轮廓。圆弧插补命令分为顺时针圆弧插补指令 G02 和逆时针圆弧插补指令 G03 两种。

1. 编程格式

G02（G03）X（U）__Z（W）__I__K__F__；

或

G02（G03）X（U）__Z（W）__R__F__；

2. 指令说明

使用圆弧插补指令，可以用绝对坐标编程，也可以用相对坐标编程。用绝对坐标编程时，*X*、*Z* 是圆弧终点坐标值；用增量编程时，*U*、*W* 是终点相对于起始点的增量值。圆心位置的指定可以用 *R* 表示，也可以用 *I*、*K* 表示。其中 *R* 为圆弧半径值；*I*、*K* 为圆心在 *X* 方向和 *Z* 方向上相对于圆弧起点的坐标增量，*F* 为沿圆弧切线方向的进给速度。

当用半径 *R* 来指定圆心位置时，由于在同一半径 *R* 的情况下，从圆弧的起点到终点有两种圆弧的可能性，一种是圆心角大于 180°，另一种是圆心角小于 180°。为区分起见，特规定圆心角 α ≤ 180° 时，用“+R”表示；α >180° 时，用“−R”表示。

3. 顺时针圆弧与逆时针圆弧的判断

在数控车床的加工图纸中，中心轴线两侧对应位置的圆弧实际上为同一条圆弧，以中心轴线上方的圆弧来判断该圆弧是顺时针圆弧还是逆时针圆弧，如图 12-3 所示。

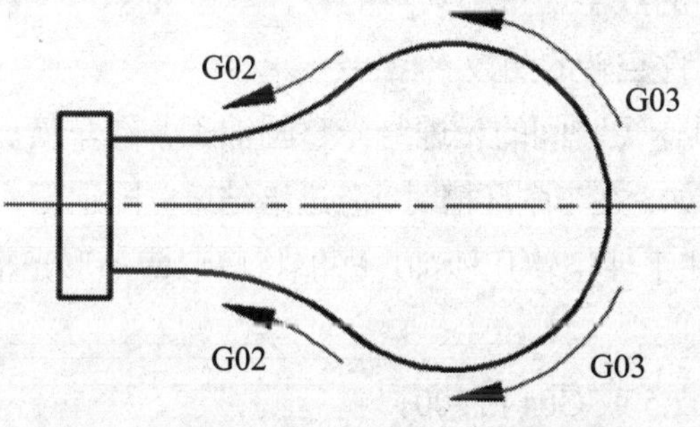

图12-3　顺时针圆弧与逆时针圆弧判断示意图

例 12-3：编写图 12-4 中所示圆弧的加工程序，起始点位于（7，0）处。

G02 X25.0Z26.12 I14.7 K3.0 F0.3；	绝对坐标，直径编程，车削进给率 0.3mm/r
G02 U18.0 W-10.88 I14.7 K3.0 F0.3；	相对坐标，直径编程，车削进给率 0.3mm/r
G02 X 25. 0 Z26.12 R15.0 F0.3；	绝对坐标，直径编程，车削进给率 0.3mm/r
G02 U18.0 W-10.88 R15.0 F0.3；	相对坐标，直径编程，车削进给率 0.3mm/r

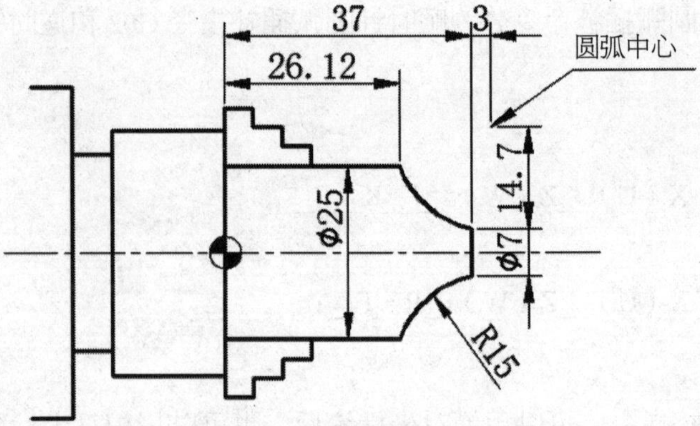

图12-4　圆弧编程实例

12.9　暂停指令 G04

G04 指令用于暂停进给。

1. 编程格式

G04 P__;

或

G04 X（U）__

2. 指令说明

暂停时间的长短可以通过地址 X（U）或 P 来指定。其中 P 后面的数字为整数，单位是 ms；X（U）后面的数字为带小数点的数，单位为 s。在有些系统中，X（U）后面的数字表示刀具或工件空转的圈数。

该指令可以使刀具作短时间的无进给光整圆加工，在车槽、钻镗孔时使用，也可用于拐角轨迹控制。例如，在车削环槽时，若进给结束立即退刀，其环槽外形为螺旋面，用暂停指令 G04 可以使工件空转几秒钟，即能将环形槽外形光整圆。例如，欲使机床空转 2.5s，具程序段为：

G04 X2.5 或 G04 U2.5 或 G04 P2500;

G04 为非模态指令，只在本程序段中才有效。

12.10　英制和米制指令 G20、G21

G20 表示英制输入，G21 表示米制输入。G20 和 G21 是两个可以互相取代的代码。机床出厂前一般设定为 G21 状态，机床的各项参数均以米制单位设定，所以数控车床一般适用于米制尺寸工件加工。如果一个程序开始用 G20 指令，则表示程序中相关的一些数据均为英制（单位为英寸）；如果程序用 G21 指令，则表示程序中相关的一些数据均为米制（单位为 mm）。在一个程序内，不能同时使用 G20 或 G21 指令，且必须在坐标系确定前指定。G20 或 G21 指令断电前后一致，即停电前使用 G20 或 G21 指令，在下次后仍有效，除非重新设定。

12.11 恒线速控制 G96、G97

1. 编程格式

G96 S__;

S 后面的数字表示的是切线方向的速度，线速度的大小保持不变，单位为 m/min。工件的直径越小，转速越快。

例：G96 S150 表示车削点线速度为 150m/min。

2. 恒线速取消

编程格式

G97 S__;

S 后面的数字表示恒线速度控制取消后的主轴转速，如 S 未指定，将保留 G96 的最终值。

例：G97 S3000 表示恒线速控制取消后主轴转速 3000r/min。

12.12 进给速度量纲指令 G98、G99

在数控车削中有两种车削进给模式设置方法，即进给率（每转进给模式）和进给速度（每分钟进给模式）。

1. 进给率，单位为 mm/r，其指令为

G99__;　　　　　　　进给率设为每转进给

G01 X__Z__F__;　　　　F 的单位为 mm/r

2. 进给速度，单位为 mm/min，其指令为

G98__;　　　　　　　进给速度每分钟进给

G01 X__Z__F__;　　　　F 的单位为 mm/min

G98 和 G99 都是模态指令，一旦指定就一直有效，直到指定另一方式为止。车削 CNC 系统默认的进给模式是进给率，即每转进给模式，只有在用动力刀具铣削时才采用每分钟进给模式。

12.13　参考点返回指令 G27、G28、G30

参考点是 CNC 机床上的固定点，可以利用参考点返回指令将刀架移动到该点。可以设置最多四个参考点，各参考点的位置利用参数事先设置。接通电源后必须先进行第一参考点返回，否则不能进行其他操作。参考点返回有两种方法：

1. 手动参考点返回

启动电源后，先选择“Z”，再按下控制面板上的“归零”按钮，刀架即可返回 *Z* 向的参考点位置后，参考点的指示灯亮。

采用相同的方法，选择“X”，再按下控制面板上的“归零”按钮，刀架即可返回 *X* 向的参考点位置后，参考点的指示灯亮。

2. 自动参考点返回

该功能是用于接通电源已进行手动参考点返回后，在程序中需要返回参考点进行换刀时使用的自动参考点返回功能。自动参考点返回时需要用到如下指令：

1）返回参考点检查 G27

G27 用于检验 *X* 轴与 *Z* 轴是否正确返回参考点。指令格式为：

G27 X（U）__Z（W）__；

X（*U*）、*Z*（*W*）为参考点的坐标。执行 G27 指令的前提是机床通电后必须手动返回一次参考点。

执行该指令时，各轴按指令中给定的坐标值快速定位，且系统内部检查检验参考点的行程开关信号。如果定位结束后检测到开关信号发令正确，则参考点的指示灯亮，说明滑板正确回到了参考点位置；如果检测到的信号不正确，系统报警，说明程序中指令的参考点坐标值不对或机床定位误差过大。

2）参考点返回指令 G28、G30

G28 X（U）__Z（W）__；

其中 *X*（*U*）、*Z*（*W*）为参考点返回时的中间点，*X*、*Z* 为绝对坐标，*U*、*W* 为相对坐标。

12.14　刀尖圆弧半径补偿指令 G41、G42

G41：刀尖圆弧半径左补偿指令；

G42：刀尖圆弧半径右补偿指令；

G40：刀尖圆弧半径补偿取消指令。

1. 编程格式

G41（G42）G01（G00）X（U）__Z（W）__F__；　　建立半径左（右）补偿

G40 G01（G00）X（U）__Z（W）__F__；　　取消半径补偿

2. 指令说明

*X*__*Z*__ 为终点坐标的绝对值，*U*__*W*__ 为终点坐标与起始坐标的相对值。

12.15 倒角 C 和圆弧 R 过渡指令

工件轮廓的拐角处，一般是由倒角或圆弧过渡，为了简化程序，倒角和拐角圆弧的数控车床编程，可以插入在轮廓程序段之间。编程方式与数控铣床的编程方式相同，可以参考项目 6 相关章节。

例 12-4：如图 12-5 所示工件，需要进行精加工，其中 *Φ*85mm 外圆不加工。毛坯为 *Φ*85mm × 340mm 的塑料棒。

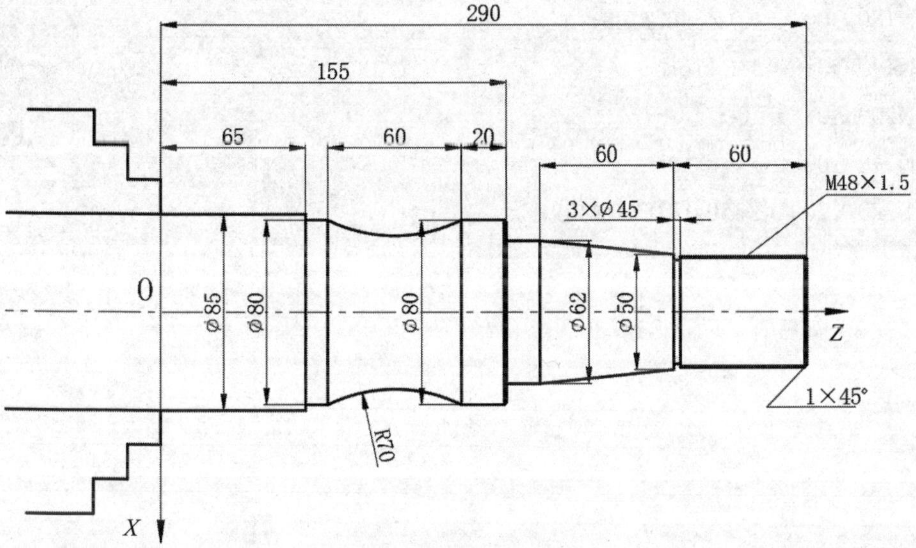

图12-5　工件编程实例

```
O0003;
N10 G50X200.0 Z350.0;
N20 G30 U0 W0 T0101;
N20 S630 M03;
N30 G00X41.8 Z292.0M08;
N40 G01X47.8Z289.0F0.15;
```

```
N50 Z230.0;
N60 X50.0;
N70 X62.0 W-60.0;
N80 Z155. 0;
N90 X78. 0;
N100 X80.0W-10.0;
N110 W-19. 0;
N120 G02 W-60.0 I63.25 K-30.0;
N130 G01 Z65.0;
N140 X90. 0;
N150 G00 X200.0 Z350.0 T0100 M09;
N160 G30 U0 W0 T0202;
N170 S315 M03;
N180 G00 X51.0 Z230. M08;
N190 G01 X45. 0 F0.16;
N200 G04 O5. 0 ;
N210 G00 X51.0;
N220 X200.0 Z350.0 T0200 M09;
```

项目 13　数控车床循环指令

学习目标

- 了解数控车床循环指令的车削动作
- 掌握数控车单一车削循环指令 G90、G94
- 掌握数控车复合车削循环指令 G70、G71、G72、G73、G74、G75
- 掌握螺纹加工指令 G32、G76、G92

13.1　单一车削循环指令

13.1.1　内外圆车削循环 G90

1. 外圆车削循环

1）指令格式

G90 X（U）__Z（W）__F__；

2）指令说明

*X*__ *Z*__ 是圆柱面车削终点的绝对坐标值；

*U*__ *W*__ 是圆柱面车削终点相对于循环起点坐标的增量值；

*F*__ 为进给速度。

该循环主要用于轴类零件的外圆、锥面的加工。*X*（*U*）、*Z*（*W*）为车削循环中车削进给路径的终点坐标，在使用增量值指令时，*U*、*W* 数值符号由刀具路径方向来决定。在循环加工过程中，除车削加工时，刀具按 *F* 指令速度运动外，刀具在车入、退出工件和返回起始点都是快速进给速度（G00 指令的速度）进行的。

圆柱面车削循环的执行过程如图 13-1 所示。刀具按箭头指示的路线进给，先沿 *X* 轴方向从循环起点快进到车削起点后，再按车削速度进行车削，到达车削终点后，然后沿 *X* 轴方向退刀，最后以快进方式沿 *Z* 方向回到循环起点，准备下一个循环（图中虚线表示快速进给，实线表示按车削速度进给）。

圆柱面车削循环指令的动作由 2 条 G00 指令和 2 条 G01 指令组成，将这 4 条指令合并成一条指令，从而达到简化编程的目的。

对于数控车床的所有循环指令，在选择循环起点的位置时，一般应选择离开毛坯表面 1 ~ 2mm 处。

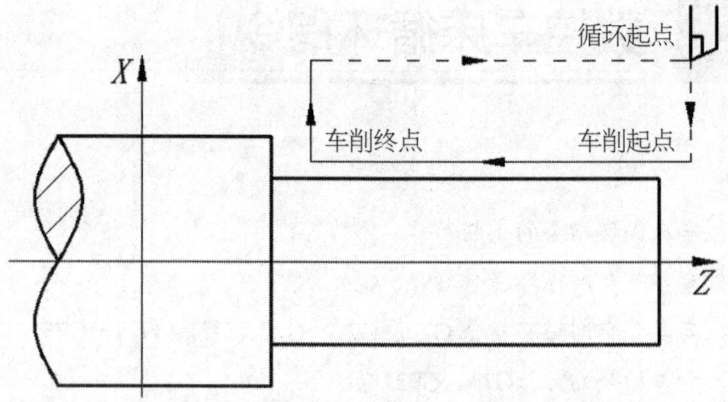

图13-1　外圆车削循环指令G90轨迹示意图

例 13-1：试用 G90 指令编写图 13-2 所示零件的外圆车削循环程序。

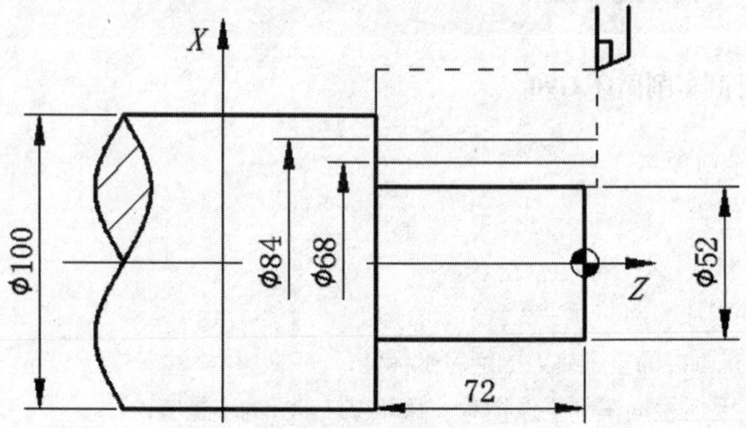

图13-2　外圆车削循环实例

```
O0001;                              （程序名）
G40 G97 G99 S500 M03;               （程序初始化）
G00 X200.0 Z200.0;                  （在远离工件的位置换刀，防止撞刀）
T0404;                              （换 4# 刀，选 4# 刀补）
G00 X105.Z2.0;                      （快进到起始点）
G98 G90 X84.0Z-72.0F0.3;            （第一刀，A → B → C → D → A）
X68.0;                              （第二刀，A → E → F → D → A）
X52.0;                              （第三刀，A → G → H → D → A）
G00 X200.0 Z200.0 T0400;            （返回起始点，取消刀补）
M05;
M30;
```

2. 圆锥面车削循环

1）指令格式

G90 X（U）__Z（W）__R__F__；

2）指令说明

*X*__*Z*__ 是圆柱面车削终点的绝对坐标值；

*U*__*W*__ 是圆柱面车削终点相对于循环起点坐标的增量值；

*R*__ 为圆锥面车削起点与车削终点的半径差，若锥面起点*X*坐标大于终点*X*坐轴时，*R* 符号为正，反之，*R* 符号为负；

*F*__ 为进给速度。

圆锥面车削循环的执行过程如图 13-3 所示。刀具按箭头指示的路线进给，先沿 *X* 轴方向从循环起点快进到车削起点后，再按车削速度进行车削，到达车削终点后，然后沿 *X* 轴方向退刀，最后以快进方式沿 *Z* 方向回到循环起点，准备下一个循环（图中虚线表示快速进给，实线表示按车削速度进给）。

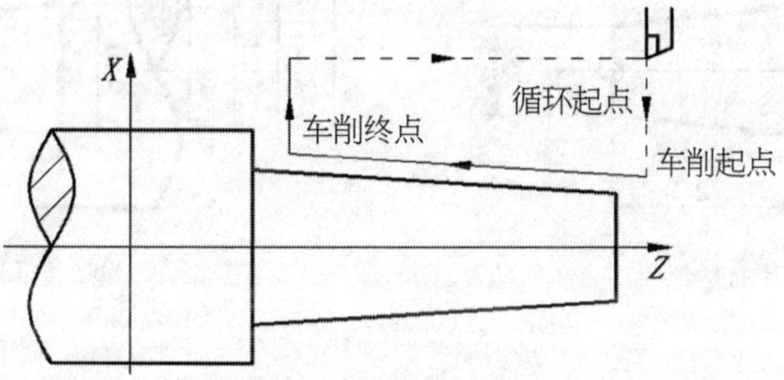

图13-3　锥面车削循环G90轨迹示意图

为了保证锥面加工时锥度的准确性，应在锥面母线的延长线上选取车削起点，可以按数学比例公式进行计算。

例 13-2：用圆锥面车削循环指令 G90 车削如图 13-4 所示的零件，如果 *Z* 方向的起始车削点为 5mm，试计算 *R* 值。

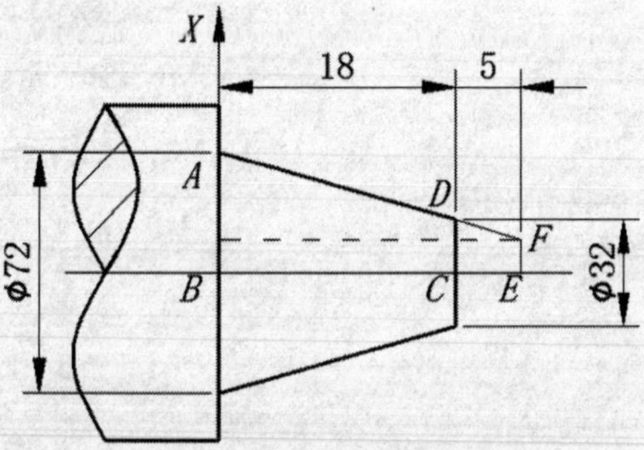

图13-4　试计算*R*值

解：

$$\frac{CD\text{-}EF}{AB\text{-}EF}=\frac{EC}{EB}=\frac{5}{23}$$

$$\frac{16\text{-}EF}{36\text{-}EF}=\frac{5}{23}$$

$$EF=10.44$$

$$R=10.44\text{-}36=-25.56$$

答：R 值为 −25.56mm。

G90 循环指令可用于工件的外圆车削，也可用于内圆车削，但在车削工作的内圆时，工件上必须有一个内孔，并且内孔的直径在足够大，能容纳整个内圆车刀。

例 13-3：试用 G90 指令编写图 13-5a 所示零件的锥面车削循环程序。

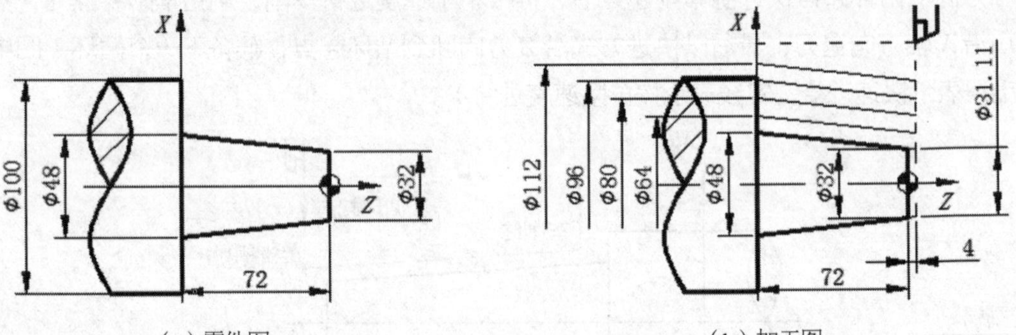

图13-5 锥面车削循环实例

分析：为了保证锥面加工时锥度的准确性，在锥面母线的延长线上选取车削起点，设 Z=4 的位置为车削起始点，则对应的 X 值为 Φ31.11，则 R=8.445，起点坐标的 X 值小，R 取负值。设背吃刀量为 8mm，则需分 5 次车削，如图 13-5b 所示。

```
O0001;                              （程序名）
G40 G97 G99 S500 M03;               （程序初始化）
G00 X200.0 Z200.0;                  （在远离工件的位置换刀，防止撞刀）
T0404;                              （换 4# 刀，选 4# 刀补）
G00 X115.Z4.0;                      （快进到起始点）
G90 X112.0Z-72.0R-8.445F0.3;
X96.0;
X80.0;
X64.0;
X48.0;
```

```
G00 X200.0 Z200.0 T0400;          （返回起始点，取消刀补）
M05;
M30;
```

13.1.2 端面车削循环 G94

1. 端平面车削循环

1）指令格式

G94 X（U）__Z（W）__F__;

2）指令说明

*X*__*Z*__ 是端平面车削终点的绝对坐标值；

*U*__*W*__ 是车削终点相对于循环起点坐标的增量值；

*F*__ 为进给速度。

端平面车削循环的执行过程如图 13-6 所示。刀具按箭头指示的路线进给，先沿 *Z* 轴方向从循环起点快进到车削起点后，再按车削速度进行车削，到达车削终点后，然后沿 *Z* 轴方向退刀，最后以快进方式沿 *X* 方向回到循环起点，准备下一个循环（图中虚线表示快速进给，实线表示按车削速度进给）。

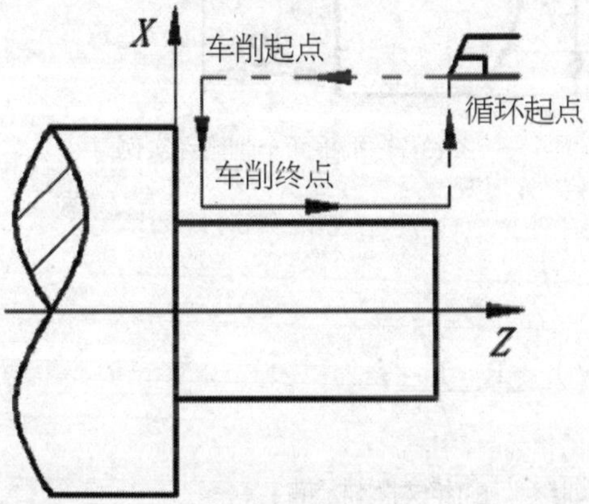

图13-6 端平面车削循环指令G94轨迹示意图

例 13-4：试用 G94 指令编写图 13-7 所示零件的端平面车削循环程序。

```
O0001;                       （程序名）
G40 G97 G99 S500 M03;        （程序初始化）
G00 X200.0 Z200.0;           （在远离工件的位置换刀，防止撞刀）
T0303;                       （换 3# 刀，选 3# 刀补）
```

```
G00 X115.Z4.0;                                   （快进到起始点）
G94 X48.0Z-8.0F0.3;
Z-16.0;
Z-24.0;
Z-32.0;
G00 X200.0 Z200.0 T0400;                        （返回起始点，取消刀补）
M05;
M30;
```

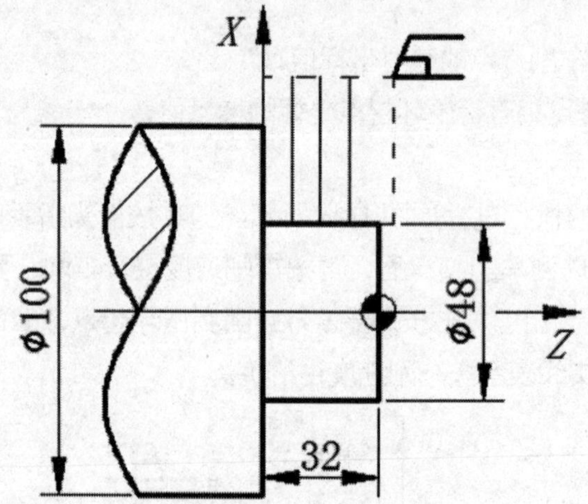

图13-7　端平面车削循环实例

2. 斜端面车削循环

1）指令格式

G94 X（U）__Z（W）__R__F__;

2）指令说明

*X*__*Z*__ 是斜端面车削终点的绝对坐标值；

*U*__*W*__ 是斜端面车削终点相对于循环起点坐标的增量值；

*R*__ 为斜端面车削起始点相对于车削终点在 *Z* 方向的坐标增量。若锥面起点 *Z* 坐标大于终点 *Z* 坐轴时，*R* 符号为正，反之，*R* 符号为负；

*F*__ 为进给速度为进给速度。

斜端面车削循环的执行过程如图 13-8 所示。刀具按箭头指示的路线进给，先沿 *Z* 轴方向从循环起点快进到车削起点后，再按车削速度进行车削，到达车削终点后，然后沿 *Z* 轴方向退刀，最后以快进方式沿 *X* 方向回到循环起点，准备下一个循环（图中虚线表示快速进给，实线表示按车削速度进给）。

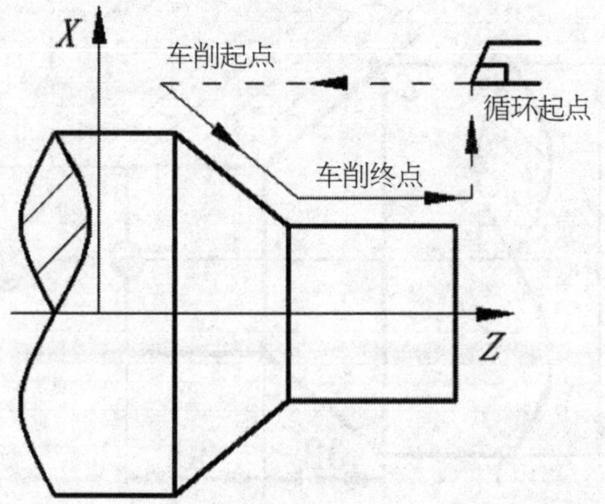

图13-8　锥面车削循环动作图

为了保证锥面加工时锥度的准确性，应在锥面母线的延长线上选取车削起点，可以按数学比例公式进行计算。

例 13-5：用端斜面车削循环指令 G94 车削如图 13-9 所示的零件，如果 *X* 方向的起始车削点为 102mm，试计算 *R* 值。

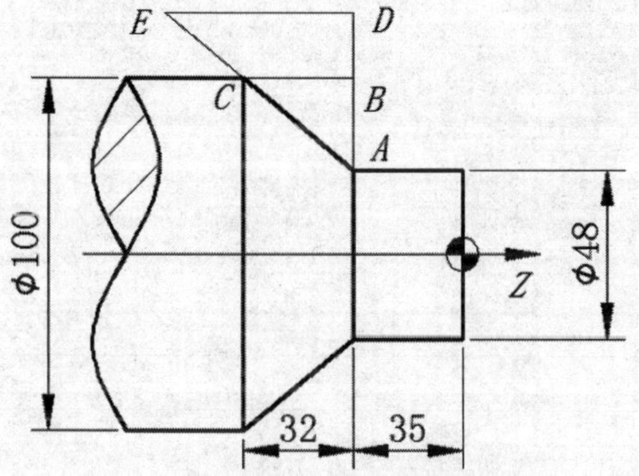

图13-4　试计算*R*值

解：

$$\frac{BC}{DE}=\frac{AB}{AD}=\frac{26}{27}$$

$$DE=\frac{27\times BC}{26}=\frac{27\times 32}{26}=33.23$$

答：*R* 为 −33.23mm。

例 13-6：试用 G94 指令编写图 13-10 所示零件的端斜面车削循环程序。

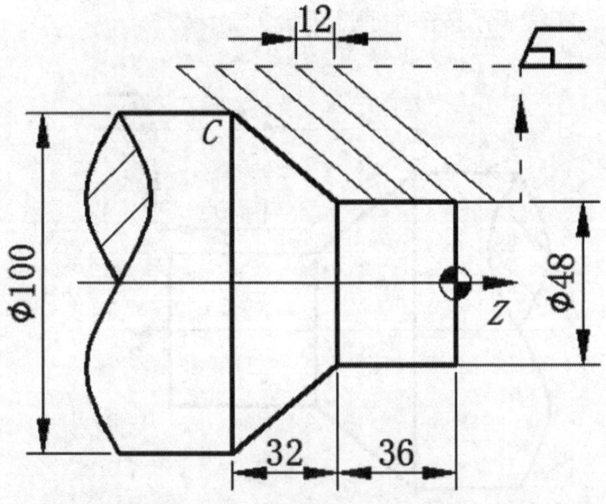

图13-10 端斜面车削循环指令G94轨迹示意图

```
O0001;                              (程序名)
G40 G97 G99 S500 M03;               (程序初始化)
G00 X200.0 Z200.0;                  (在远离工件的位置换刀，防止撞刀)
T0303;                              (换 3# 刀，选 3# 刀补)
G00 X102.Z20.0;                     (快进到起始点)
G94 X48.0Z12.0R-33.23F0.3;
Z0.0;
Z-12.0;
Z-24.0;
Z-36.0;
G00 X200.0 Z200.0 T0400;            (返回起始点，取消刀补)
M05;
M30;
```

13.2 复合车削循环指令

复合车削循环指令与单一车削循环指令一样，用于多次加工才能加工到规定尺寸的工序，主要用于铸、锻毛坯的粗车和棒料毛坯需车阶梯较大的轴以及比较复杂的外形工件。运用复合车削循环指令，只要给出最终精加工路径、粗加工的背吃刀量和精加工余量，系统就能自动设定精加工前的形状及粗加工、精加工的刀具路径。

13.2.1 内外圆粗车循环 G71 和精车循环 G70

1. 指令格式

G71 U（Δd）R（e）； （粗车循环指令）

G71P（ns）Q（nf）U（Δu）W（Δw）F（f）S（s）T（t）； （粗车循环指令）

N ns……

……（精加工路径）

N nf……

G70P（ns）Q（nf）； （精车循环指令）

……

Δ*d*——沿X方向的车削深度。属于模态量，在下一次指定前一直有效，无正负符号，半径指定，车入方向决定于AA′ 方向，在FANUC系统中，由参数（N0.0717）设定；

e——每次车削的退刀量。属于模态量，在下一次指定前一直有效，无正负符号；

ns——精加工程序段组的第一个程序段号；

nf——精加工程序段组的最后一个程序段号；

Δ*u*——沿*X*方向的精加工余量距离；

Δ*w*——沿*Z*方向的精加工余量距离；

f、*s*、*t*——粗车削循环中的进给速度、主轴转速、刀补。

2. 指令说明

（1）当上述指令用于工件内轮廓加工时；此时 Δ*u* 为负值。

（2）使用G71进行粗车时，G71程序段中的*F*、*S*、*T*只适用于粗车加工，对G70精加工程序段无效。该值在指令中也可以不加以指定，这时就是沿用前面程序段中的*F*、*S*、*T*值，并可沿用至粗、精加工结束后的程序中去。

（3）循环中的第一个程序段即顺序号为“*ns*”的程序段必须沿着*X*向进刀，且不能出现*Z*轴的运动指令，否则会出现程序报警。如“G00 X10.0 Z0.0 F0.1；”是错误的，而“G00X10.0 F0.1；”是正确的。

（4）G71粗车循环起点的确定主要考虑毛坯的加工余量、进退刀路线等。一般选择在毛坯轮廓外1～2mm、端面1～2mm即可，不宜太远，以减少空行程，提高加工效率。

（5）只适用于单向递增（外圆）或单向递减（内圆）的轮廓，不适用于既有递增也有递减的轮廓。

（6）G70精加工时的*F*、*S*、*T*由顺序号*ns*至*nf*之间的指令确定。

（7）“*ns*”至“*nf*”程序段中不能调用子程序。

（8）G71 循环时可以进行刀具位置补偿但不能进行刀尖半径补偿，因此在 G71 指令前必须用 G40 指令取消原有的刀尖半径补偿，但在“*ns*”至“*nf*”程序段中可以含有 G41、G42 指令，对工件精车轨迹进行刀尖半径补偿。

（9）G71 车削循环指令适用于圆柱棒料外圆表面粗车、加工余量大、需要多次粗加工的情形，路径如图 13-11 所示。

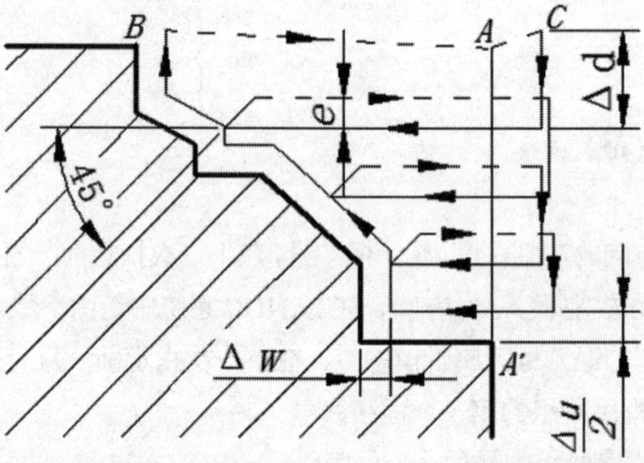

图13-11　外圆车削循环指令G71轨迹示意图

C 为粗车循环的起点，*A* 为程序中最大外径与端面的交点，*A′* 为精加工起点，*B* 为精加工终点。实线表示工进速度，虚线表示快进速度。

以工进速度从 *C* 点出发，沿 *X* 方向移动 Δd 后，再沿 *Z* 方向进行车削，车削到与工件 *Z* 向余量为 ΔW 时，按 45° 方向退刀；*X* 方向退至 *e* 时，再沿 *Z* 方向以快进方式退至与起点平齐的位置，然后开始下一次循环。

粗加工循环完成后，再自动沿轮廓线进行一次车削，*X* 方向留余量 ΔU/2，*Z* 方向留余量 ΔW。

沿轮廓线粗车削完成之后，再进行一次精加工车削。

例 13-7：试用外径复合循环指令 G71 和 G70 编写图 13-12 所示零件的车削程序。

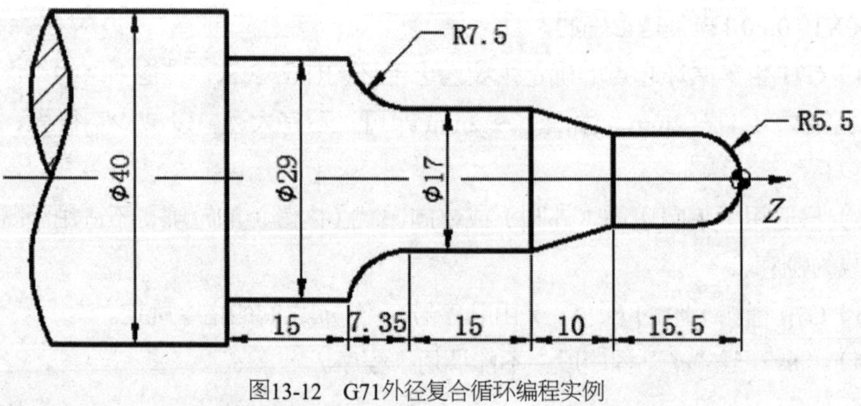

图13-12　G71外径复合循环编程实例

参考程序如下：

```
O0001；                          （程序名）
G40 G97 G99 S500 M03；           （程序初始化）
G00 X200.0 Z200.0；              （在远离工件的位置换刀，防止撞刀）
T0303；                          （换 3# 刀，选 3# 刀补）
G00 X41.Z2.0；                   （快进到起始点）
G71U3R1；                        （背吃刀量为 3mm，退刀量为 1mm）
G71 P7 Q15 U0.5W0.2 F0.3；       （X 方向余量为 0.5mm，Z 方向余量为 0.2）
G01G41X0F0.05；
Z0.0；
G03X11.W-5.5R5.5；
G01X-15.5；
X17.0W-10.0；
W-15.0；
G02X29W-7.35R7.5；
G01W-15.0；
X41.0
G70 P7 Q15；
M05；
M30；
```

13.2.2 端面粗车循环 G72

1. 指令格式

G72 W（Δd）R（e）；（粗车循环指令）

G72P（ns）Q（nf）U（Δu）W（Δw）F（f）S（s）T（t）；（粗车循环指令）

N ns……

……

N nf……

（精加工路径）

G70P（ns）Q（nf）；（精车循环指令）

……

2. 指令说明

（1）Δd、e、ns、nf、Δu、Δw、f、s、t 含义与 G71 相同。

（2）循环中的第一个程序段即顺序号为“*ns*”的程序段必须沿着 *Z* 向进刀，且不能出现 *X* 轴的运动指令，否则会出现程序报警。如“G00 X10.0 Z−100.0；”是错误的，而“G00 Z−100.0；”是正确的。

（3）端面粗车循环指令 G72 适用于圆柱棒料毛坯端面方向粗车，其功能与 G71 基本相同，不同之处是 G72 完成的是端面方向粗车，刀具路径按径向方向循环，指令格式和其地址含义与 G71 的相同。G72 车削循环路径如图 13-13 所示。

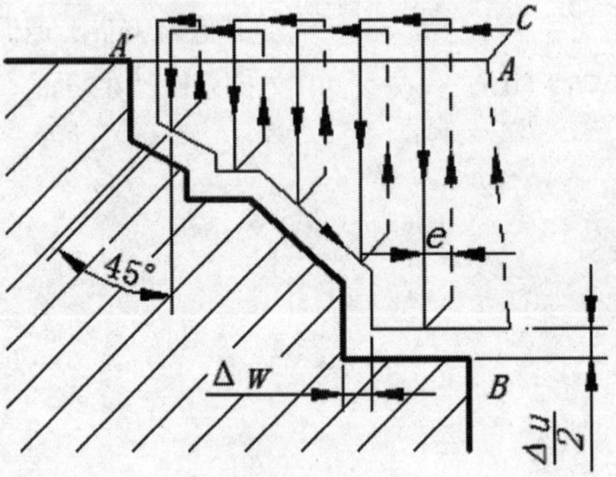

图13-13　端面车削循环指令G72轨迹示意图

例 13-8：试用端面复合循环指令 G72 和 G70 编写图 13-14 所示零件的车削程序。

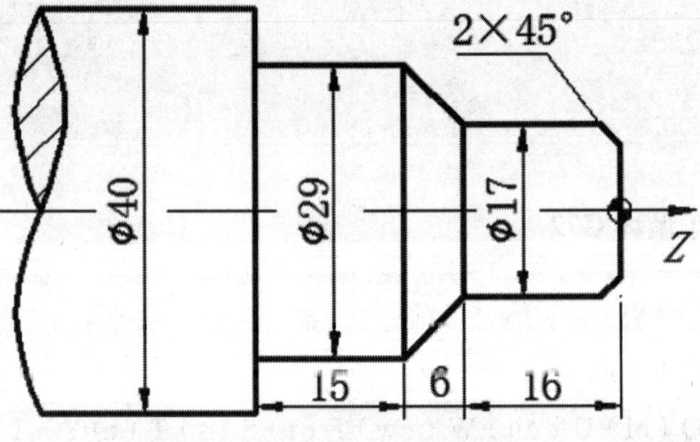

图13-14　G72端面复合循环编程实例

参考程序如下：

O0001；	（程序名）
G40 G97 G99 S500 M03；	（程序初始化）
G00 X200.0 Z200.0；	（在远离工件的位置换刀，防止撞刀）
T0303；	（换 3# 刀，选 3# 刀补）

```
G00 X42.Z2.0;                    （快进到起始点）
G72W2R1;                         （背吃刀量为 2mm，退刀量为 1mm）
G72 P7 Q12 U0.5W0.2 F0.3;        （X 方向余量为 0.5mm，Z 方向余量为 0.2）
G00 Z-37.;
G01G41 X29.0F0.2;
W15.0;
X17.0W6.0;
Z-2.0
X13.0Z0;
G70 P7 Q12;
M05;
M30;
```

13.2.3 成型车削复合循环 G73

1. 指令格式

G73 U（Δi）W（Δk）R（d）；　　（粗车循环指令）

G73P（ns）Q（nf）U（Δu）W（Δw）F（f）S（s）T（t）；　　（粗车循环指令）

N ns ……

……　　（精加工路径）

N nf ……

G70P（ns）Q（nf）；　　（精车循环指令）

……

其中：

Δi——粗车时，沿 X 方向车削的最大余量；

Δk——粗车时，沿 Z 方向车削的最大余量；

d——粗车循环次数；

ns、nf、Δu、Δw、f、s、t 的含义与 G71 相同。

2. 指令说明

（1）Δd、e、ns、nf、Δu、Δw、f、s、t 含义与 G71 相同。

（2）循环中的第一个程序段即顺序号为“*ns*”的程序段可以沿着 X 向进刀，也可以沿着 Z 向进刀，还可以同时沿着 X、Z 向进刀，如“G00 X10.0 Z−100.0；”是正确的。

（3）成型复合车削循环指令 G73 适用于毛坯轮廓形状与零件轮廓形状基本接近时

的粗车。例如，一些锻件、铸件的粗车，此时采用 G73 指令进行粗加工将大大节省工时，提高车削效率。其功能与 G71、G72 基本相同，所不同的是刀具路径按工件精加工轮廓进行循环，其走刀路线如图 13-15 所示。

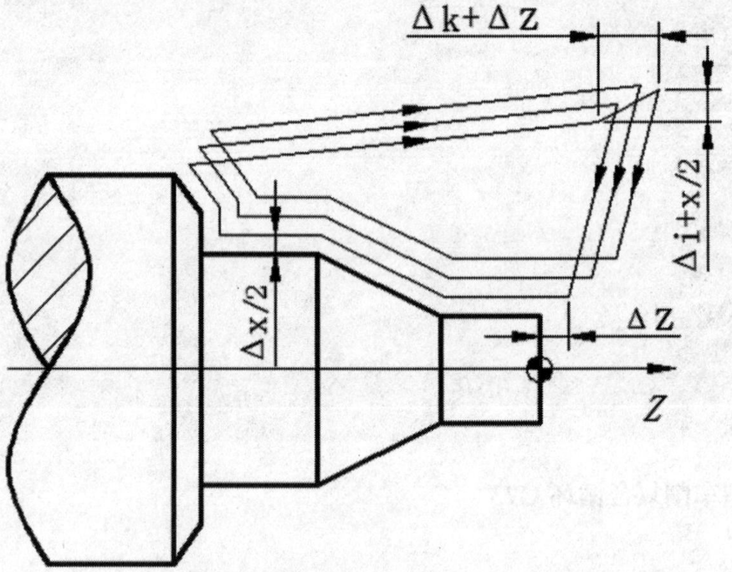

图13-15　成型复合车削循环指令G73轨迹示意图

例 13-9：试用成型复合循环指令 G73 和 G70 编写图 13-16 所示零件的车削程序。

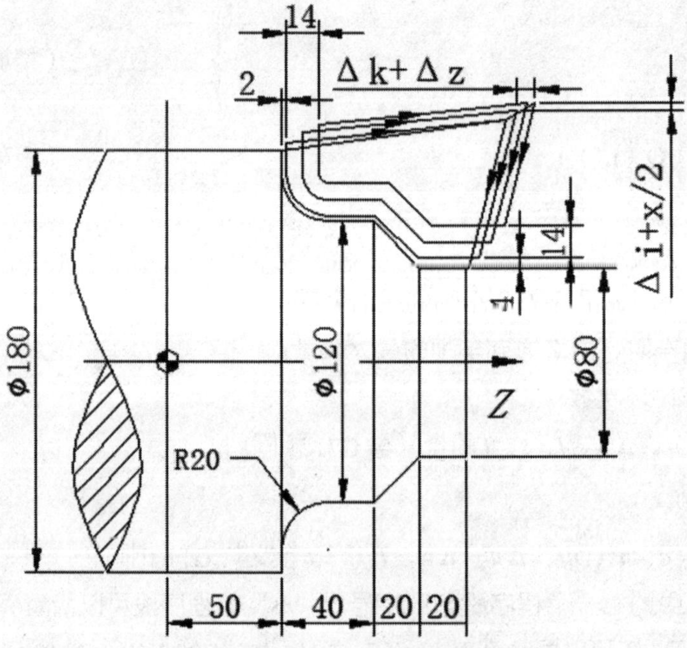

图13-16　G73外径复合循环编程实例

设粗加工分三次车削进行，第一次车削后留给剩下两次车削的总余量 *X* 向为单边 14mm，*Z* 向为单边 12mm，粗加工后，留给精车削的余量 *X* 方向为 4.0mm，*Z* 向为 2.0mm，粗加工进给量为 0.3mm/r，主轴转速为 500r/min，精加工进给量为 0.15mm/r，主轴转速为 800r/min，完成上述车削的程序如下：

```
O0004;
G92 X260.0 Z220.0;
T0101;
G40 G00 X220.0 Z160.0;
S800 M03;
G95 F0.30;                          （设为每转进给）
G73 U14.0 K12.0 R3;                 （设定粗车循环参数）
G73 P08 Q13 G91 X4.0 Z2.0 F0.30 S500;
G00 X80.0 Z130.0;            ┐
G01 W-20.0 F0.15 S800;       │
X120.0 W-20.0;               │
W-20.0;                      ├      （精车循环指令）
G02 X160.0 W-20.0 I20.0;     │
G01 X181.0;                  ┘
G70 P07 Q12;                        （精车循环指令）
M05;
M30;
```

13.2.4 外圆啄式车削循环 G74

1. 指令格式

G74 R（e）；

G74X（u）Z（w）P（Δi）Q（Δk）R（Δd）F（f）；

其中：

e——后退量；

X——*B* 点的 *X* 坐标；

u——从 *A* 至 *B* 在 *X* 方向的增量；

Z——*C* 点的 *Z* 坐标；

w——从 *A* 至 *C* 在 *Z* 方向的增量；

Δi——X方向的移动量，单位为 μm；

Δk——Z方向的移动量，单位为 μm；

Δd——在车削底部的刀具退刀量，符号为“+”；

f——进给速度；

2. 指令说明

（1）当用于车削外圆时，可使车刀在车削过程中短暂后退，使车屑断裂。如果用 G90 车削外圆，在一个循环中，从起点到终点持续不断地车削，车屑不会断裂，对于特别长的工件，车屑会缠绕在刀具和工件上，易发生意外。其走刀路线如图 13-17 所示。

（2）如果省略$X(u)$及$P(\Delta i)$，结果只在Z轴操作，可用于钻孔。

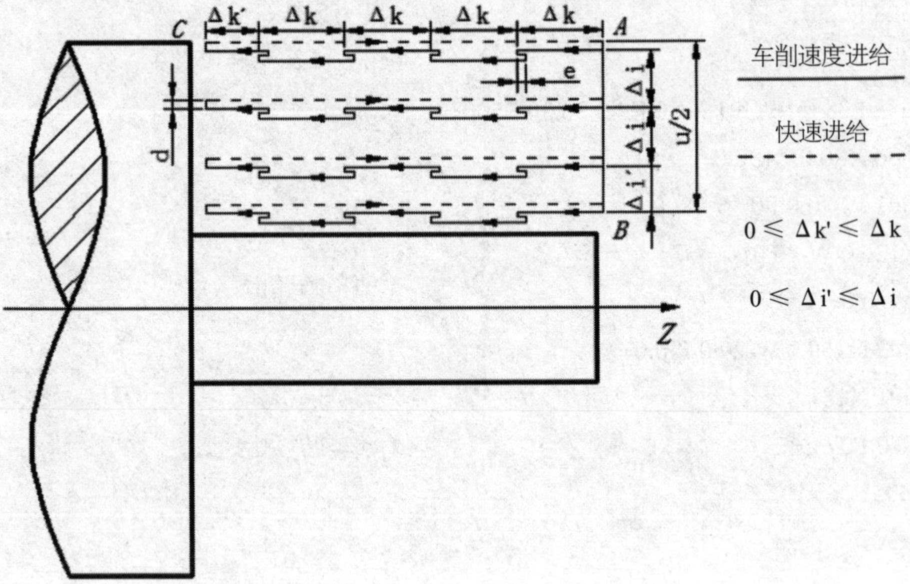

图13-17　外圆啄式车削循环指令G74 轨迹示意图

例 13-10：试用外圆啄式车削循环指令 G74 编写图 13-18 所示零件的车削程序。

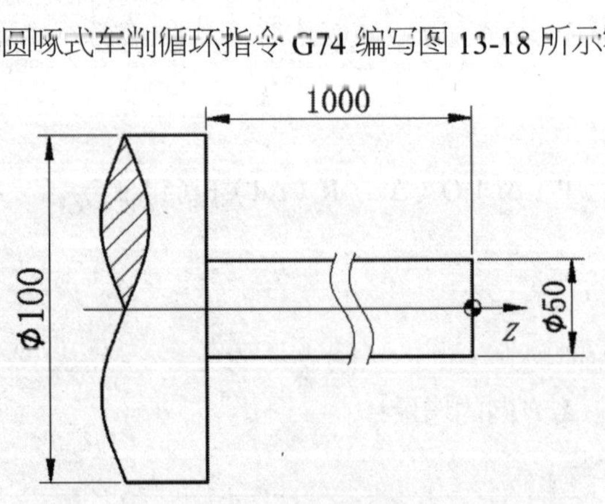

图13-18　外圆啄式车削循环指令G74编程实例

设进刀点为（102，2），背吃刀量为 5mm，沿 Z 向每车削 6mm，车刀后退量为 2mm，车刀在底部的退刀量为 1mm，进给速度为 0.3mm/r，完成上述车削的程序如下：

```
……
GOO X102.Z2.;
G74 R2.0;
G74 X50.0 Z-1000.0 P5000 Q6000 R1.0 F0.3 S100;
……
```

例 13-11：试用外圆啄式车削循环指令 G74 编写图 13-19 所示零件的钻孔程序。

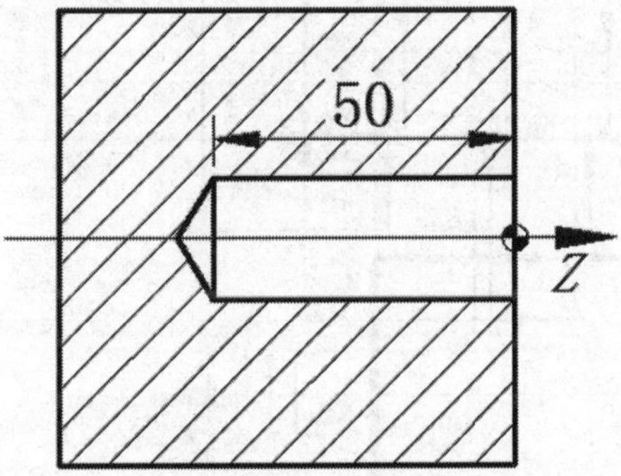

图13-19 啄式钻孔循环实例

```
……
GOO X0.Z2.;
G74 R1.0;
G74 Z-50.0 Q5000 R1.0 F0.3 S100;
……
```

13.2.5 端面啄式车削循环 G75

1. 指令格式

G75 R（e）；

G75X（u）Z（w）P（Δi）Q（Δk）R（Δd）F（f）；

其中参数的含义与 G74 相同。

2. 指令说明

G75 用于沿端面（或径向）方向进行车削，在车削过程中可以短暂后退，使车屑断裂，防止车屑缠绕在工件或刀具上，避免发生意外，车削循环轨迹如图 13-20 所示。

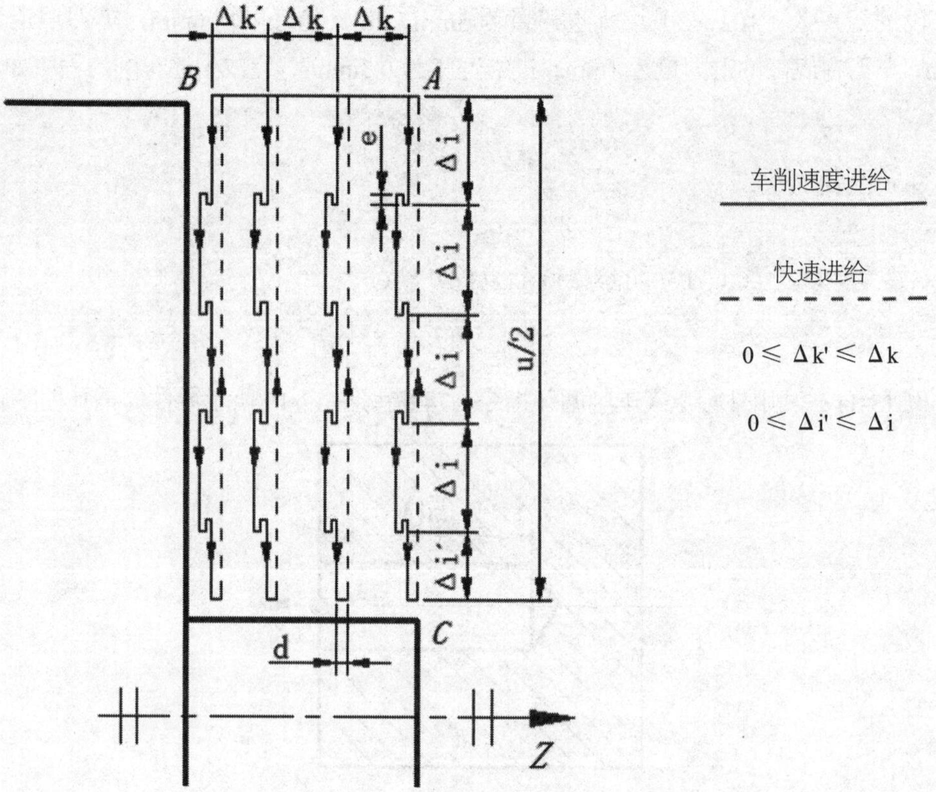

图13-20　端面啄式车削循环指令G75 轨迹示意图

例 13-12：试用端面啄式车削循环指令 G75 编写图 13-21 所示零件的车削程序。

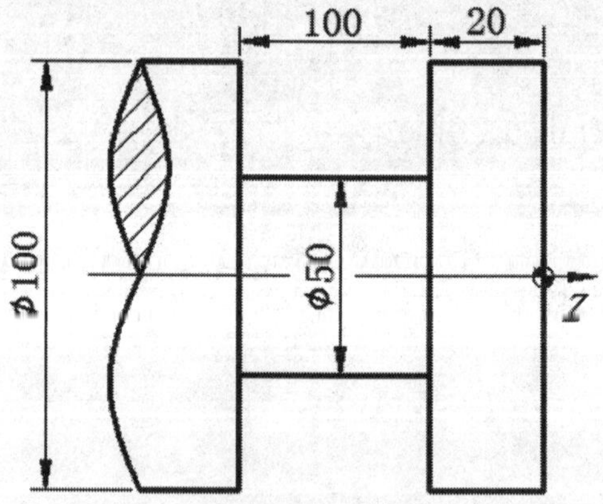

图13-21　端面啄式车削循环实例

设进刀点为（102，−20），切断刀的宽度为 5mm，背吃刀量为 4mm，沿 *X* 向每车削 5mm，车刀后退量为 1mm，车刀在底部的退刀量为 0mm，进给速度为 0.3mm/r，完成上述车削的程序如下：

```
……
GOO X102.Z-20.;
G75 R1.0;
G74 X50.0 Z-115.0 P5000 Q4000 R0.0 F0.3 S100;
……
```

提示：用切断刀编程时，应考虑切断刀的刀宽，实际终点位置是（50，-115）。

13.3 螺纹车削循环

FANUC 螺纹编程指令有单行程螺纹车削指令 G32、非整数导程螺纹车削指令 G33、变导程螺纹车削指令 G34、螺纹车削循环指令 G92、螺纹车削复合循环指令 G76 等，由于切削的方法不同，编程方法也不相同。

在数控车床上可以车削公制、英制、模数和径节制四种标准螺纹，无论车削哪一种螺纹，车床主轴与刀具之间必须保持严格的运动关系，即主轴每旋转一圈，刀具应均匀地移动一个导程。

13.3.1 螺纹加工基础知识

1. 螺纹加工前工件的直径

在车削螺纹时，主要是靠挤压的方式进行加工，因此在加工时工件会发生膨胀。不同金属的膨胀系数不同，工件在加工前的直径应与加工后的直径有所不同，其中：

螺纹大（小）直径应为：D（d）$-x\times P$，

其中：

D——螺纹大径；

d——螺纹小径；

x——膨胀系统，一般情况下取 0.1，特殊材料取 0.1 ~ 0.5；

P——螺距。

2. 普通螺纹实际牙型高度

普通螺纹实际牙型高度按 h=0.6495 × P 计算，近似取 h=0.65 × P，其中 P 为螺距。

3. 螺纹小径的计算

普通螺纹的小径按 $d=D-2\times0.6495\times P$ 计算，一般按 $d=D-1.3\times P$ 计算。

4. 螺纹车削进给次数与背吃刀量的确定

如果螺纹的牙型较深，螺距较大，可分次进给，每次进给的背吃刀量为螺纹深度减去精加工背吃刀量，所得差值按递减规律分布。常见公制螺纹加工的进给次数与背吃刀量见表 13-1。

表 13-1　常见公制螺纹车削的进给次数与背吃刀量推荐值

螺距（mm）		1	1.5	2	2.5	3	3.5	4
牙深（半径值）		0.649	0.974	1.299	1.624	1.949	2.273	2.598
切削次数及背吃刀量（直径值）	1	0.7	0.8	0.9	1	1.2	1.5	1.5
	2	0.4	0.6	0.6	0.7	0.7	0.7	0.8
	3	0.2	0.4	0.6	0.6	0.6	0.6	0.6
	4		0.16	0.4	0.4	0.4	0.6	0.6
	5			0.1	0.4	0.4	0.4	0.4
	6				0.15	0.4	0.4	0.4
	7					0.2	0.2	0.4
	8						0.15	0.3
	9							0.2

英制螺纹牙距的表示方式与公制螺纹不同，公制螺纹的牙距是按两个螺牙之间的距离来表示，而英制螺纹的牙距是按每英寸的长度上螺牙数量来表示。常见英制螺纹加工的进给次数与背吃刀量见表 13-2。

表 13-2　常见英制螺纹车削的进给次数与背吃刀量推荐值

螺距（牙 /in）		24	18	16	14	12	10	8
牙深（半径值）		0.698	0904	1.016	1.162	1.355	1.626	2.033
切削次数及背吃刀量（直径值）	1	0.8	0.8	0.8	0.8	0.9	1	1.2
	2	0.4	0.6	0.6	0.6	0.6	0.7	0.7
	3	0.16	0.3	0.5	0.5	0.6	0.6	0.6
	4		0.11	0.14	0.3	0.4	0.4	0.5
	5				0.13	0.21	0.4	0.5
	6						0.16	0.4
	7							0.17

在实际车削螺纹时，背吃刀量应依次递减，但不一定按照表 13-1 和表 13-2 中推荐值进行车削，重点是控制最后车削的尺寸，具体数值大小可以按照实际情况决定。即使按照表中的推荐值加工，实际加工时还需要用螺纹通止规检验修整最后车

削的尺寸。

5. 车削螺纹时的起点与终点轴向尺寸的确定

在车削螺纹时，在车削开始前需要一个加速过程，结束后需要一个减速过程。为了避免在加速和减速过程中影响螺距的精度，两端必须设置足够的加速进刀段 δ1 和减速退刀段 δ2，如图 13-22 所示。在实际工作中，加速进刀段 δ1 一般取 2 ~ 5mm，减速退刀段 δ2 一般取 1 ~ 3mm，如果螺纹收尾处没有退刀槽，一般按 45° 退刀收尾。

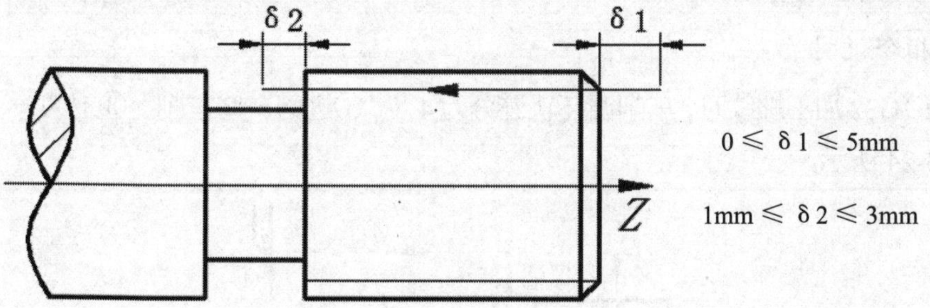

图13-22 螺纹的进刀和退刀

为了保证锥度螺纹加工时锥度的准确性，应在锥面母线的延长线上选取车削的起点和终点，可以按数学比例公式进行计算。加速进刀段 δ1 和减速退刀段 δ2 径向偏差值的数学推导图形如图 13-23 所示。

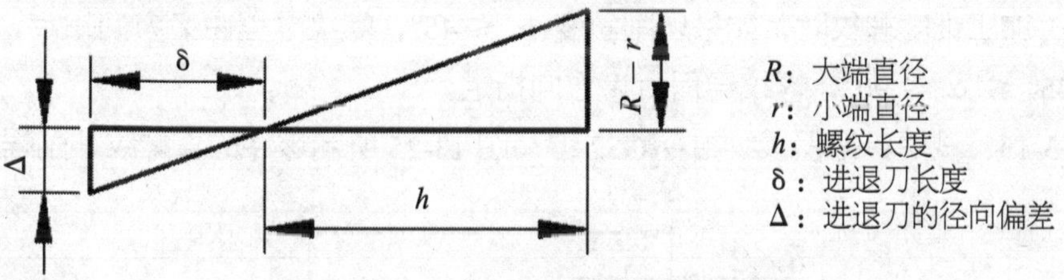

图13-23 加速进刀段和减速退刀段径向X值的计算方法

加速进刀段 δ1 和减速退刀段 δ2 径向偏差值的计算公式：

$$\Delta=\frac{\delta}{h}\times(R-r)$$

6. 螺纹的检测

对于一般的标准螺纹，在车削过程，因为刀具磨损、机床精度等方面的原因，用车床车削的螺纹尺寸往往与设计尺寸出现误差。为了保证螺纹的合格率，必须用通、止规对螺纹进行抽样检测。如果螺纹的“通规”正好可以旋进而“止规”旋不进，则说明所加工的螺纹符合要求，否则就不合格。

13.3.2 单行程螺纹车削指令 G32

1. 指令格式

G32 X（U）__Z（W）__F__;

其中：

X、Z——螺纹终点的绝对坐标；

U、W——螺纹终点与起点的相对坐标；

F——螺纹的导程。

2. 指令说明

（1）G32 加工螺纹时，车削循环轨迹分为 4 步，①进刀→②车削→③退刀→④返回，如图 13-24 所示。

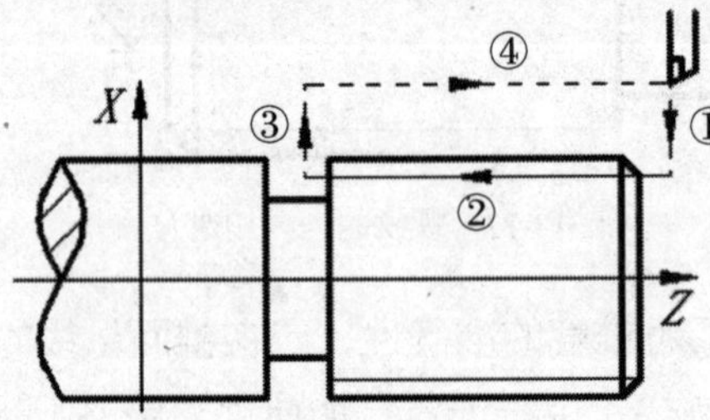

图13-24 螺纹车削循环G32轨迹示意图

（2）加工锥度螺纹时，如果切削斜度 $\alpha \leqslant 45°$，螺纹导程由 Z 方向指定，如果切削斜度 $45° \leqslant \alpha \leqslant 90°$，螺纹导程由 X 方向指定。

例 13-13：试用单行程螺纹指令 G32 编写图 13-25 所示零件的直螺纹车削程序。

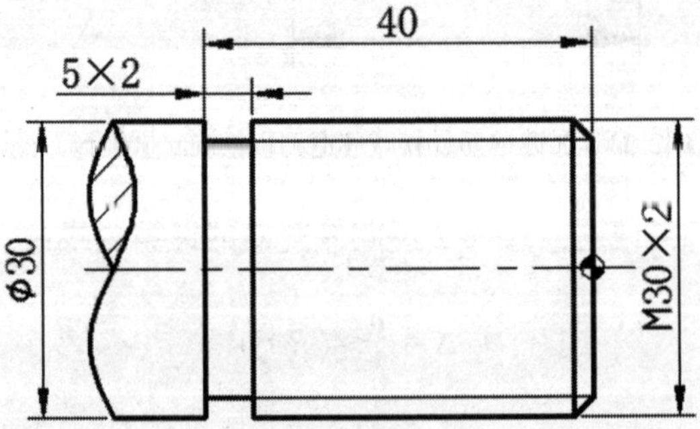

图13-25 直螺纹编程实例

解：

1. 螺纹加工尺寸计算

（1）加工螺纹前的外径尺寸为：$D-0.1 \times P=30-0.1 \times 2=\Phi 29.8$mm。

（2）螺纹的牙高：$h=0.65\times2=1.3$mm。

（3）螺纹的小径：$d=D-1.3\times P=30-2.6=27.4$mm。

（4）设加速进刀段 δ1=5mm，减速退刀段 δ2=2.5mm。

2. 确定背吃刀量

查表 13-1 可知，螺距为 2mm 的螺纹分 5 次车削，背吃刀量分别为 0.9mm、0.6mm、0.6mm、0.4mm、0.1mm。

3. 参考程序

```
O0001;                          （程序名）
G40 G97 G99 S500 M03;           （程序初始化）
G00 X100.0 Z100.0;              （在远离工件的位置换刀，防止撞刀）
T0404;                          （换 4# 刀，选 4# 刀补）
G00 X32.Z5.0;                   （快进到起始点）
X29.1;                          （第一刀进刀点，背吃刀量为 0.9mm）
G32 Z-37.5F2.0;                 （螺纹第一刀，螺距为 2.0mm）
G00 X32.0;
Z5.0;
X28.5;                          （第二刀进刀点，背吃刀量为 0.6mm）
G32 Z-37.5F2.0;                 （螺纹第二刀，螺距为 2.0mm）
G00 X32.0;
Z5.0;
X27.9;                          （第三刀进刀点，背吃刀量为 0.6mm）
G32 Z-37.5F2.0;                 （螺纹第三刀，螺距为 2.0mm）
G00 X32.0;
Z5.0;
X27.5;                          （第四刀进刀点，背吃刀量为 0.4mm）
G32 Z-37.5F2.0;                 （螺纹第四刀，螺距为 2.0mm）
G00 X32.0;
Z5.0;
X27.4;                          （第五刀进刀点，背吃刀量为 0.1mm）
G32 Z-37.5F2.0;                 （螺纹第五刀，螺距为 2.0mm）
G00 X32.0;
Z5.0;
```

```
X27.4;                     （精加工一次，背吃刀量为 0mm）
G32 Z-37.5F2.0;            （螺纹精车，螺距为 2.0mm）
G00 X200.;
Z100.0;
M05;
M30;
```

例 13-14：试用单行程螺纹指令 G32 编写图 13-26 所示零件的锥度螺纹车削程序。

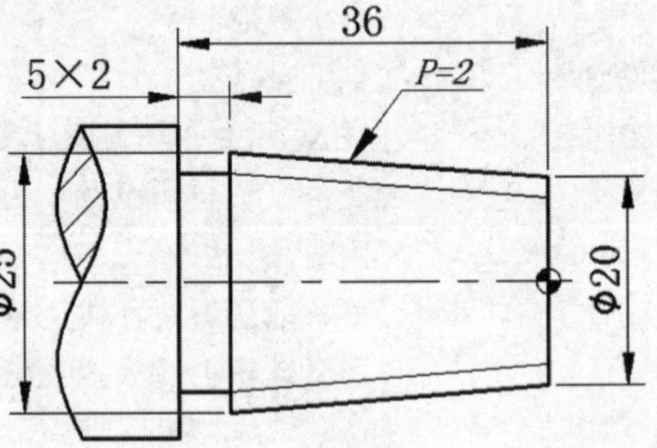

图13-26　锥度螺纹编程实例

解：

1. 螺纹加工尺寸计算

（1）加工螺纹前的小端外径尺寸为：$D1=D-0.1\times P=20-0.1\times 2=\Phi 19.8$mm。

（2）加工螺纹前的大端外径尺寸为：$D2=D-0.1\times P=25-0.1\times 2=\Phi 24.8$mm。

（3）螺纹的牙高：$h=0.65\times 2=1.3$mm。

（4）螺纹小端的小径：$d1=D-1.3\times P=20-2.6=17.4$mm。

（5）螺纹大端的小径：$d2=D-1.3\times P=25-2.6=22.4$mm。

（6）设加速进刀段 δ1=5mm，减速退刀段 δ2=2.5mm。

（7）加速进刀段和减速退刀段的 X 值。

①加速进刀段的 X 偏差值为：

$$\Delta 1=\frac{\delta 1}{\mathrm{h}}\times(\mathrm{R-r})=\frac{5}{31}\times 5=0.81$$

加速进刀段的 X 值为

$$X1=20-0.81=19.19\text{mm}$$

②减速退刀段的 X 偏差值为：

$$\Delta 2=\frac{\delta 2}{h}\times(R-r)=\frac{2.5}{31}\times 5=0.403$$

减速退刀段的 X 值为

$$X2=25+0.403=25.403mm$$

2. 确定背吃刀量

查表 13-1 可知，螺距为 2mm 的螺纹分 5 次车削，背吃刀量分别为 0.9mm、0.6mm、0.6mm、0.4mm、0.1mm。

3. 参考程序

```
O0001;                          （程序名）
G40 G97 G99 S500 M03;           （程序初始化）
G00 X100.0 Z100.0;              （在远离工件的位置换刀，防止撞刀）
T0404;                          （换 4# 刀，选 4# 刀补）
G00 X27.Z5.0;                   （快进到起始点）
X18.29;                         （第一刀进刀点，背吃刀量为 0.9mm）
G32 X24.503Z-33.5F2.0;          （螺纹第一刀，螺距为 2.0mm）
G00 X27.0;
Z5.0;
X17.69;                         （第二刀进刀点，背吃刀量为 0.6mm）
G32 X23.903Z-33.5F2.0;          （螺纹第二刀，螺距为 2.0mm）
G00 X27.0;
Z5.0;
X17.09;                         （第三刀进刀点，背吃刀量为 0.6mm）
G32 X23.303Z-33.5F2.0;          （螺纹第三刀，螺距为 2.0mm）
G00 X27.0;
Z5.0;
X16.69;                         （第四刀进刀点，背吃刀量为 0.4mm）
G32 X22.903Z-33.5F2.0;          （螺纹第四刀，螺距为 2.0mm）
G00 X27.0;
Z5.0;
X16.59;                         （第五刀进刀点，背吃刀量为 0.4mm）
G32 X22.803Z-33.5F2.0;          （螺纹第五刀，螺距为 2.0mm）
G00 X27.0;
```

```
Z5.0;
X16.59;                        （精加工一次，背吃刀量为 0mm）
G32 X22.803Z-33.5F2.0;         （螺纹精车，螺距为 2.0mm）
G00 X200.0;
Z100.0;
M05;
M30;
```

13.3.3 车削螺纹循环指令 G92

1. 指令格式

G92 X（U）__Z（W）__R__F__;

其中：

X、*Z*——螺纹终点的绝对坐标；

U、*W*——螺纹终点与起点的相对坐标；

F——螺纹的导程；

R——螺纹的起点与终点的半径差值。当起点尺寸小于终点尺寸时，*R* 为负值；当起点尺寸大于终点尺寸时，*R* 为正值；当起点尺寸等于终点尺寸时，*R* 为 0。

2. 指令说明

（1）G92 加工螺纹时，车削循环轨迹与 G32 的轨迹相似，同样是分为 4 步，①进刀→②车削→③退刀→④返回，如图 13-24 所示。

（2）用 G92 编写程序时，可以将车刀的切入、切削、切出、返回 4 个轨迹合并成一个程序段，但用 G32 编写程序时，必须将这 4 个轨迹分成 4 个程序段，因此 G92 编写程序时，比较简单。

例 13-15：试用车削螺纹循环指令 G92 编写图 13-25 与图 13-26 所示零件的车削程序。

```
O0001;                         （直螺纹加工程序）
G40 G97 G99 S500 M03;          （程序初始化）
G00 X100.0 Z100.0;             （在远离工件的位置换刀，防止撞刀）
T0404;                         （换 4# 刀，选 4# 刀补）
G00 X32.Z5.0;                  （快进到起始点）
G92 X29.1 Z-37.5F2.0;          （螺纹第一刀，螺距为 2.0mm）
```

```
X28.5;                       （螺纹第二刀，背吃刀量为0.6mm）
X27.9;                       （螺纹第三刀，背吃刀量为0.6mm）
X27.5;                       （螺纹第四刀，背吃刀量为0.4mm）
X27.4;                       （螺纹第五刀，背吃刀量为0.1mm）
X27.4;                       （精加工一次，背吃刀量为0mm）
G00 X100. Z100;
M05;
M30;
```

```
O0001;                       （锥度螺纹加工程序）
G40 G97 G99 S500 M03;        （程序初始化）
G00 X100.0 Z100.0;           （在远离工件的位置换刀，防止撞刀）
T0404;                       （换4# 刀，选4# 刀补）
G00 X27.Z5.0;                （快进到起始点）
G92 X24.503Z-33.5R-3.11F2.0; （R=（19.19−25.403）/2，取负值）
X23.903;
X23.303;
X22.903;
X22.803;
X22.803;
G00 X100.0 Z100.0;
M05;
M30;
```

13.3.4 车削螺纹复合循环指令 G76

1. 指令格式

G76 P（m）（r）（a）Q（Δdmin）R（d）；

G76X（u）Z（w）R（i）P（k）Q（Δd）F（f）；

其中：

*X*__ 螺纹终点 *X* 轴绝对坐标（单位：mm）；

*U*__ 螺纹终点与起点 *X* 轴绝对坐标的差值（单位：mm）；

*Z*__ 螺纹终点 *Z* 轴的绝对坐标值（单位：mm）；

W__ 螺纹终点与起点 *Z* 轴绝对坐标的差值（单位：mm）；

*m*__ 螺纹精车次数 00 ~ 99（单位：次），必须输入 2 位数。属于模态量，未输入 *m* 时，以系统默认值作为精车次数；

*r*__ 螺纹退尾宽度 00 ~ 99（单位：0.1×*P*，*P* 为螺纹螺距），必须输入 2 位数，属于模态量，指每次循环到终点后，车刀走斜线退出；未输入 *r* 时，以系统默认值作为螺纹退尾宽度。螺纹退尾功能可实现无退刀槽的螺纹加工；

*a*__ 刀尖角度，取值：00、29、30、55、60、80，单位：度（°），必须输入 2 位数，属于模态量，以系统默认值作为螺纹牙的角度；

△ *dmin*__：螺纹粗车时的最小切削量（单位：0.001mm，无符号，半径值）。当（*n*−*n* −1）×*Δd* < *Δdmin* 时，以 *Δdmin* 作为本次粗车的切削量，即：本次螺纹切深为（*n* −1 × *Δd* +*Δdmin*）；

设置△ *dmin* 的目的是为了避免由于螺纹粗车切削量递减造成粗车切削量过小、粗车次数过多。*Q*（△ *dmin*）执行后，指令值△ *dmin* 保持有效；未输入 *Q*（△ *dmin*）时，以系统默认值作为最小切削量；

*d*__ 螺纹精车的切削量，*R*（*d*）执行后，指令值 *d* 保持有效；未输入 *R*（*d*）时，以系统默认值作为螺纹精车切削量；

*i*__ 螺纹锥度，螺纹起点与螺纹终点 *X* 轴绝对坐标的差值（单位：mm，半径值）；未输入 *i* 时，系统按 *i*=0（直螺纹）处理；

*k*__ 螺纹牙高，螺纹总切削深度（单位为 μm，半径值、无符号）。未输入 *k* 时，系统报警；

△ *d*__ 第一次螺纹切削深度（单位为 μm，半径值、无符号）。未输入△ *d* 时，系统报警；

*F*__ 公制螺纹螺距。属于模态量，加工公制螺纹可以省略输入 *F*（*I*），系统以当前保持的公制螺纹螺距作为 *F* 值；如果是英制螺纹，则表示每英寸的螺纹牙数，属于模态量，每个加工英制螺纹的程序段都必须输入。

2. 指令说明

（1）对于普通的螺纹，可以将螺纹刀磨成螺牙的形状直接将螺纹加工出来，但对于大螺纹，有时螺牙比螺纹刀还大，就不适合用螺纹刀直接加工，需要分层车削，如图 13-27 所示。这时用 G32 或 G92 指令就不能满足需要。G76 指令就能解决这个问题。

（2）G76 指令用于加工大螺距的螺纹，或异形螺纹，如梯形螺纹、矩形螺纹等。

（3）G76 指令的进刀方式和退刀方式可以是斜进式，如图 13-28 所示，可以用于在工件上没有进刀槽和退刀槽的位置车削螺纹，可以有效地保护刀具。

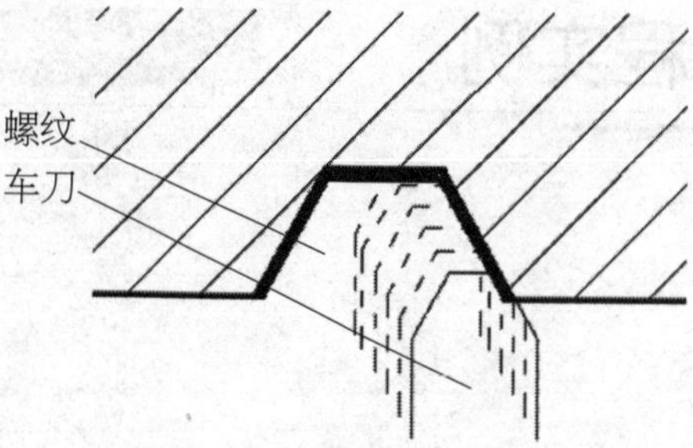

图13-27　分层加工大螺纹

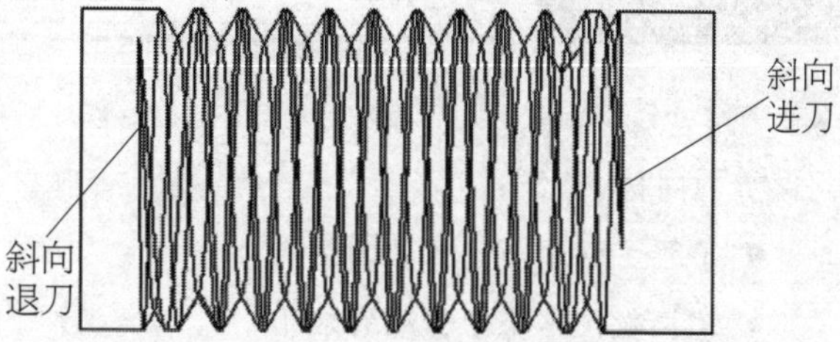

图13-28　螺纹斜向进刀

例 13-16：试用车削螺纹循环指令 G76 编写图 13-29 所示零件的车削程序。

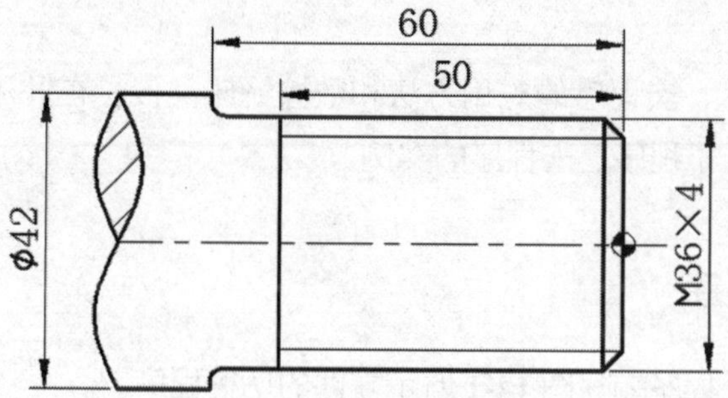

图13-29　大螺距编程实例

牙型高度为：$h=0.65\times P=0.65\times 4=2.6$mm。

螺纹小径为：$d=36-2\times 2.6=30.8$mm。

螺纹退尾宽度：$r=\dfrac{4}{0.1\times p}=10$。

设精车次数为 1，斜向退刀量为 4mm，刀尖为 60°，最小切削深度为 0.1mm，精加工余量为 0.2mm，第一次车削深度为 0.7mm，参考程序如下：

```
……
G00 X45.0 Z5.0;
G76 P011060 Q0.1 R0.2;
G76 X30.8 Z-50.0 R0 P2600 Q700 F4.0;
……
```

项目 14 数控车床高级编程实例

学习目标

- 了解主程序与子程序的区别
- 掌握数控车床子程序的应用
- 掌握数控车床宏程序的应用
- 掌握数控车床子程序的编程方法以及调用方法

数控车床子程序、宏程序的应用方法和数控铣床类似，在此不再重复叙述，本项目着重讲述数控车床子程序、宏程序的实例。

14.1 切槽子程序

例 14-1：试用子程序编写图 14-1 所示零件的切槽程序。

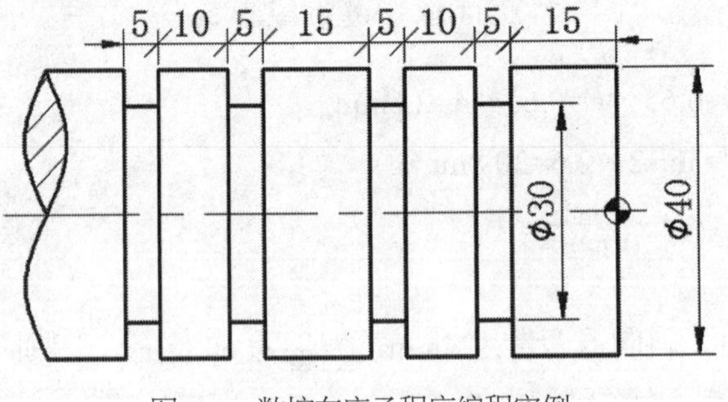

图14-1 数控车床子程序编程实例

```
O0001;                         （主程序）
G00 X100.0 Z100.0;
T0101;
G40 G00 X40.0 Z5.0;
S800 M03;
G95 F0.30;                     （设为每转进给）
G01 Z-90.0;                    （用外圆刀加工外圆）
G00 X100;
Z100;
T0202;
```

```
G00 X42.Z0.;            （移至子程序的起始点）
M98 P20002;             （两次调用子程序）
G00 W-15.;              （移至切断位置，切断工件）
G01 X0 F0.2;
G00 X100.;
Z100.;
M05;
M30;

O0002;                  （一级子程序）
G00 W-20.;
G01 X30.;
G04 X2;                 （槽底暂停 2s）
G00 X42.;
M98 P3000;              （调用子程序 1 次）
M99;

O0003;                  （二级子程序）
G00 W-15.;
G01 X30.;
G04 X2;                 （槽底暂停 2s）
G00 X42.;
M99;
```

14.2 外圆轮廓宏程序

例 14-2：试分别用子程序和宏程序编写图 14-2 所示零件的外圆车削程序。

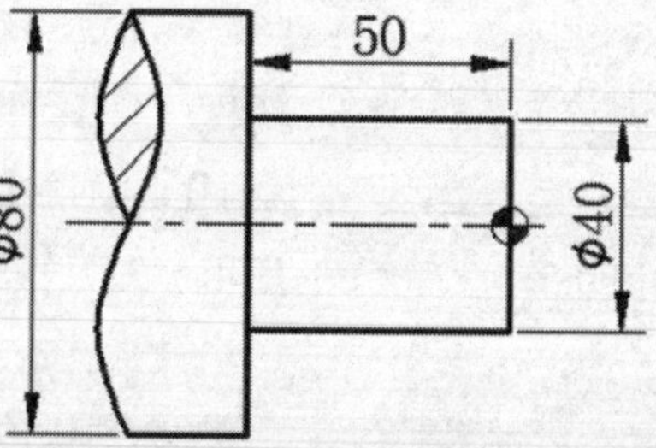

图14-2 外圆车削实例

调用子程序编程：

```
O0001；                        （主程序）
G00 X150.0 Z150.0；
T0101；
S800 M03；
G40 G00 X81.0 Z2.0；           （粗加工进刀点）
M98 P80002；                   （调用子程序 8 次）
G00 X40.；                     （开始精加工）
G01 Z-50.F0.1；
X49.；
G00 X150.Z150.；
M05；
M30；

O0002；                        （用子程序）
G00 U-5.；                     （背吃刀量为 5mm）
G01 Z-49.5.F0.3；
U2.；
G00 Z2.；
U-2；
M99；
```

用宏程序编程：

```
O0001；
G40 G97 S500 M03；             （程序初始化）
G00 X150.0 Z150.0；
T0101；
G00 X81.0 Z2.0；               （粗加工进刀点）
#1−80.0；                      （外圆方向的起始直径）
N10 G99 G01 X[#1+0.5] F0.2；   （第一次切削，已考虑加工余量）
G99 Z[-50.0+0.5]；             （考虑到了 Z 方向的加工余量）
X[#1+1]；                      （每层切削后的回退量）
```

```
G00Z2.0;
#1=#1-4.0;                    (单边切削 2mm)
IF[#1GE40] GOTO 10;           (如果 #1 ≥ 40，从 N10 继续执行)
M03S1000;                     (如果 #1 < 40，从此句开始执行精加工)
G00 X40.0;
G01 Z-50.0F0.1;
X82.0;
G00X150.0Z100.0;
M05;
M30;
```

14.3 半球轮廓宏程序

例 14-3：试用宏程序编写图 14-3 所示零件的半球轮廓车削粗加工程序，用圆弧插补编写精加工程序。

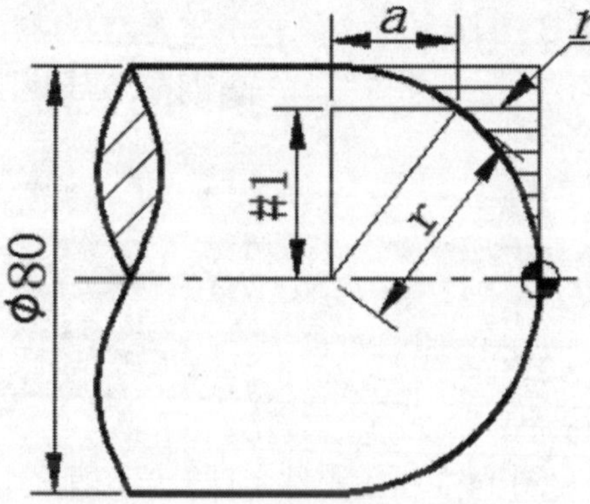

图14-3 半球轮廓车削实例

分析：

（1）将棒料车削成半球，在精加工前必须粗加工，粗加工用宏程序编程，精加工程序用圆弧插补。

（2）根据圆的标准方程为：$x^2+y^2=r^2$，当切削深度为 #1 时，则对应的 Z 值为：

$$z = r\text{-}a = r\text{-}\sqrt{r^2\text{-}(\#1)^2}$$

（3）用圆的标准方程编写粗车程序。

该工件的开粗部分用宏程序编程，精加工用圆弧插补，全部程序如下：

```
O0001;
G40 G97 S500 M03;              (程序初始化)
G00 X150.0 Z150.0;
T0101;
G00 X81.0 Z2.0;                (粗加工进刀点)
#1=70.0;                       (外圆方向的起始直径)
N10 G99G01 X[#1]F0.3;
#2=40.0-SQRT[40*40-#1*#1/4];
Z[-#2+0.5];                    (0.5 指的是粗加工的余量)
U1.0;                          (退刀 1mm)
G00 Z2.0;
U-1.0;
#1=#1-10;
IF [#1 GT 0] GOTO 10;
GOO X0;                        (开始精加工)
GO1 Z0;
G02 X80.Z-40.R40.F0.1;         (精加工程序用圆弧插补)
G00 X100.;
Z100.;
M05;
M30;
```

例 14-4：试用宏程序编写图 14-3 所示零件半球轮廓车削的精加工程序。

分析：

（1）用宏程序车削圆时，就是把圆弧分成无数个小段直线，这些直线的长度越短，就越接近圆弧。

（2）根据圆的参数方程为：

$$\begin{cases} X = R \cdot cos\alpha \\ Y = R \cdot sin\alpha \end{cases}$$

（3）用参数方程编写精车程序，设 α（0 ≤ α ≤ 90°）为自变量，刀轨在两相邻角度之间为直线插补，如图 14-4 所示。

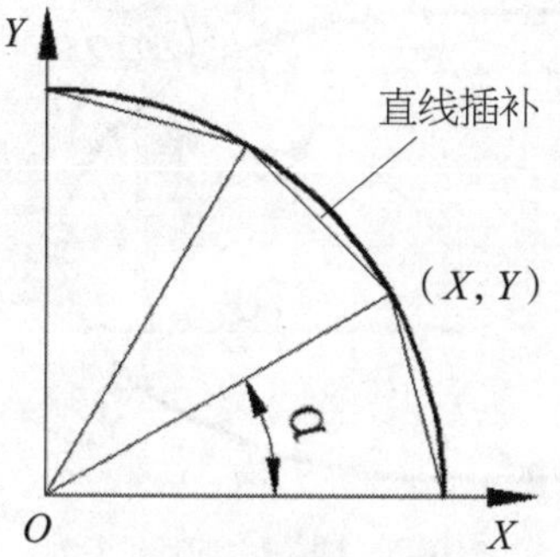

图14-4 圆的参数方程

（4）如果 α 的值越小，直线的长度也越小，则越接近圆弧，加工质量就越好，反之，加工质量越差。

参考程序如下：

```
O0001;
G40 G97 S500 M03;                (程序初始化)
G00 X150.0 Z150.0;
T0101;
G00 X0.0 Z2.0;                   (进刀点)
#1=40.0;                         (圆弧半径)
#2=0;                            (α 角度赋初值)
G99 G01 X0Z0F0.3;
N10 #3=2*#1*sin[#2];             (X 向值需乘以 2)
#4=#1-#1*cos[#2];                (Z 向值)
G01X[#3]Z[-#4+0.5]F0.1;
#2=#2+0.2;                       (角度增量为 0.2°)
IF[#2 LE 90] GOTO 10;
G00 X[#1+2];                     (快速退刀)
Z5.0;
M05;
M30;
```

14.4 椭圆轮廓宏程序

例 14-5：试用宏程序编写如图 14-5 所示零件的椭圆轮廓车削加工程序。

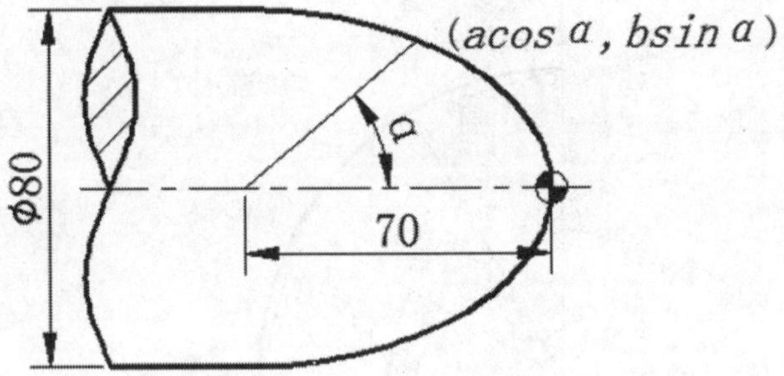

图14-5　椭圆轮廓车削实例

分析：

（1）用宏程序车削椭圆弧时，与车削圆弧相似，就是把椭圆轮廓分解成无数小直线。

（2）用椭圆的标准方程编写粗车程序，根据椭圆的标准方程为：$x^2/a^2+y^2/b^2=1$，用#1、#2、#3、#4 分别表示长半轴 a、短半轴 b、X、Y 值时，则：

$$\#3=\#1*\sqrt{1-\frac{\#4*\#4}{\#2*\#2}}$$

（3）用椭圆的参数方程编写精车程序，椭圆的参数方程为：

$$\begin{cases} x=a\cdot cos\alpha \\ y=b\cdot sin\alpha \end{cases}$$

用条件转移（IF 语句）编写数车程序，参考如下：

```
O0001;
G40 G97 S500 M03;                    (程序初始化)
G00 X150.0 Z150.0;
T0101;
#1=70.0;                             (椭圆长半轴)
#2=40.0;                             (椭圆短半轴)
#4=#2-2.5;                           (粗加工赋初值，背吃刀量为 2.5mm)
N10 G00 X[2*#4] Z2.0;                (进刀点)
#3=#1*SQRT[1-#4*#4/#2*#2];           (用椭圆的标准方程编写粗车程序)
G99 G01Z[-#3+1.0]F0.3;               (1.0 指的是余量)
G00 U2.0;
Z2.0;
#4=#4-2.5;
IF[#4 GE 0] GOTO 10;
```

```
G00 X0.0Z2.0;                    （进刀点）
#5=0.;                           （初始角度赋初值）
N20 #6= #2*SIN[#5];
#7=#1-#1*COS[#5];
G99 G01 X[2*#6]Z[-#7]F0.1;
#5=#5+0.1;                       （角度递增 0.1°）
IF[#5 LE 90 ] GOTO 20;
G00 X100.;
Z100.;
M5;
M30;
```

用循环（WHILE）语句编写数车程序，参考如下：

```
O0001;
G40 G97 S500 M03;                （程序初始化）
G00 X150.0 Z150.0;
T0101;
#1=70.0;                         （椭圆长半轴）
#2=40.0;                         （椭圆短半轴）
#4=#2-2.5;                       （粗加工赋初值，背吃刀量为 2.5mm）
G00 X[2*#4] Z2.0;                （进刀点）
WHILE [#4 LT 0] DO 1;            （如果 #4 小于 0，跳出循环）
#3=#1*SQRT[1-#4*#4/#2*#2];       （用椭圆的标准方程编写粗车程序）
G99 G01Z[-#3+1.0]F0.3;           （1.0 指的是余量）
G00 U2.0;
Z2.0;
#4=#4-2.5;
END 1;
G00 X0.0Z2.0;                    （进刀点）
#5=0.;                           （初始角度赋初值）
WHILE [#5 GT 90 ] D2;            （如果 #5 大于 90°，跳出循环）
#6= #2*SIN[#5];
```

```
#7=#1-#1*COS[#5];
G99 G01 X[2*#6]Z[-#7]F0.1;
#5=#5+0.1;                           （角度递增 0.1°）
END 2;
G00 X100.;
Z100.;
M5;
M30;
```

例 14-6：试用宏程序编写图 14-6 所示零件的椭圆轮廓车削加工程序。

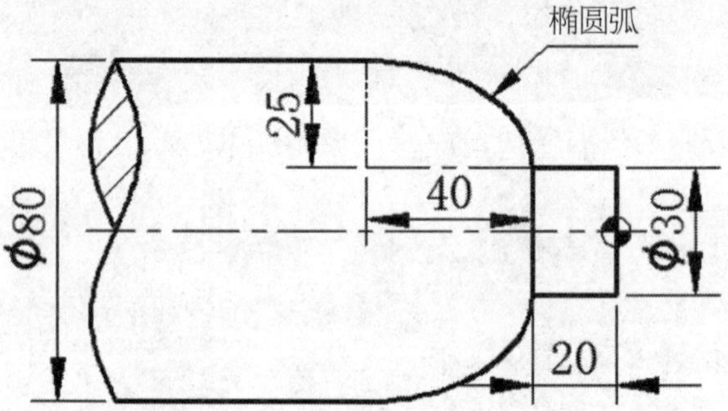

图14-6　椭圆轮廓过渡圆角车削实例

用条件转移（IF 语句）编写数车程序，参考程序如下：

```
O0001;
G40 G97 S500 M03;                    （程序初始化）
G00 X150.0 Z150.0;
T0101;
#1=40.0;                             （椭圆长半轴）
#2=25.0;                             （椭圆短半轴）
#4=#2-2.5;                           （粗加工赋初值）
N10 G00 X[2*#4+30.0] Z2.0;           （进刀点）
#3=#1*SQRT[1-#4*#4/#2*#2];           （用椭圆的标准方程编写粗车程序）
G99 G01Z[-#3-20.0+1.0]F0.3;          （1.0 指的是余量）
G00 U2.0;
Z2.0;
#4=#4-2.5;
```

```
IF[#4 GE 0] GOTO 10;
G00 X30.0Z2.0;                    （进刀点）
#5=0.;                            （初始角度赋初值）
N20 #6= #2*SIN[#5];
#7=#1-#1*COS[#5];
G99 G01 X[2*#6+30.0]Z[-#7]F0.1;
#5=#5+0.1;                        （角度递增 0.1°）
IF[#5 LE 90 ] GOTO 20;
G00 X100.;
Z100.;
M5;
M30;
```

14.5 抛物线轮廓宏程序

例 14-7：车削图 14-7 所示的抛物线轮廓，棒料为 Φ100mm，已预钻 Φ30mm 底孔，工件原点在右端面。

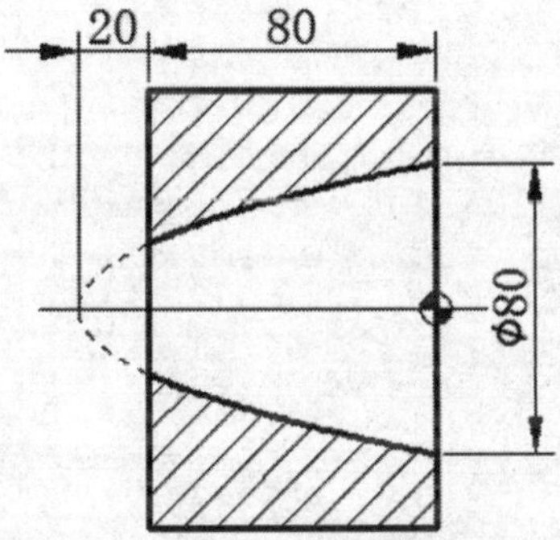

图14-7 抛物线轮廓车削实例

抛物线的标准方程为 $y^2=2\cdot p\cdot x$，将（100，40）代入，可得 $p=8$。

在数控车床的程序中，直径方向用 X 表示，水平方向用 Z 表示，即：

$$(\frac{x}{2})^2=2\cdot p\cdot z$$

因此：

$$z=\frac{x^2}{64}$$

且工件在 X 方向的尺寸用直径表示，则：

用循环语句（WHILE）编写数车程序，参考程序如下：

```
O0001；
G40 G97 S500 M03；                    （程序初始化）
G00 X150.0 Z150.0；
T0101；
G00 X30.0 Z2.0；
#1=35.0；                             （底孔直径）
WHILE [#1 LE 80] DO 1                 （粗加工）
#2=SQRT[#1]/64−100.0；                （原点在右端面）
G99 G01 X[#1] Z[−#2+1.0]F0.3；        （Z 向留 1.0mm 余量）
G00 U−1.0；
Z2.0；
#1=#1+5.0；
END 1；
G00 X 80.0 Z2.0；                     （开始精加工）
#3=80.0；                             （赋初值）
#4=0；
WHILE [#4LE 81] DO 2                  （精加工）
G99 G01 X[#3] Z[−#4]F0.1；            （Z 向留 1.0mm 余量）
#3=#3−0.1；
#4=SQRT[#3]/64−100.0；                （原点在右端面）
END 2；
G00 X28.，
Z100.；
M5；
M30；
```

14.6 正弦轮廓宏程序

例 14-8：车削图 14-8 所示的正弦轮廓，棒料为 Φ70mm，工件原点在右端面。

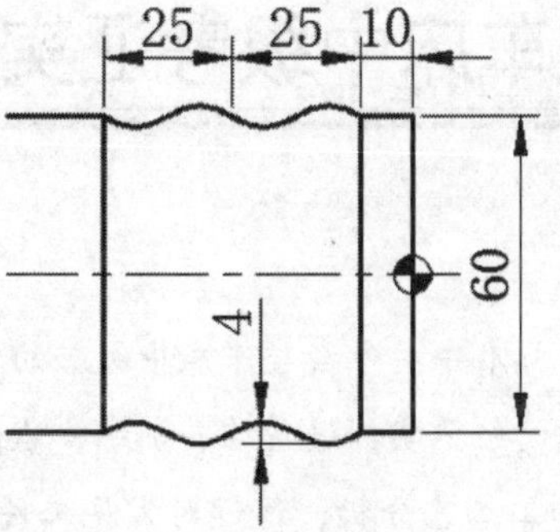

图14-8 正弦轮廓车削实例

此正弦轮廓的振幅为 4mm，周期为 25，则该正弦曲线的表达式为：

$$\frac{x}{2}=2\cdot\sin\left(360\cdot\frac{z}{25}\right)$$

```
O0001;
G40 G97 S500 M03;                       (程序初始化)
G00 X150.0 Z150.0;
T0101;
G00 X30.0 Z2.0;
G99 G01 Z-10.F.01;
#1=0.0;                                 (z 向赋初值)
WHILE [#1 LT-50] DO 1                   (当小于 −50 时，跳出循环)
#2=4*SIN[360*#1/25]+60.;                (x 向)
G99 G01 X[#2] Z[−#1−10.0]F0.1;
#1=#1−0.1;
END 1;
G01 Z-70.;
G00 X65.;
Z100.;
M5;
M30;
```

项目 15 数控车床中级考证实例

学习目标

- 了解国家职业技能鉴定标准中关于数控车床中级工的考证要求
- 以数控车床中级工考核的经典实例进行综合训练，达到数控车床中级工的水平
- 学习对数控车工件的加工工艺分析，通过对常见工件的编程，掌握数控车床常用指令的应用
- 提高数控车床的操作能力，训练对工件的检测方法

例 15-1：中级工考证实例（1），加工如图 15-1 所示的工件，要求分析加工步骤并编写数控车床加工程序。毛坯尺寸为 Φ55mm × 98mm。

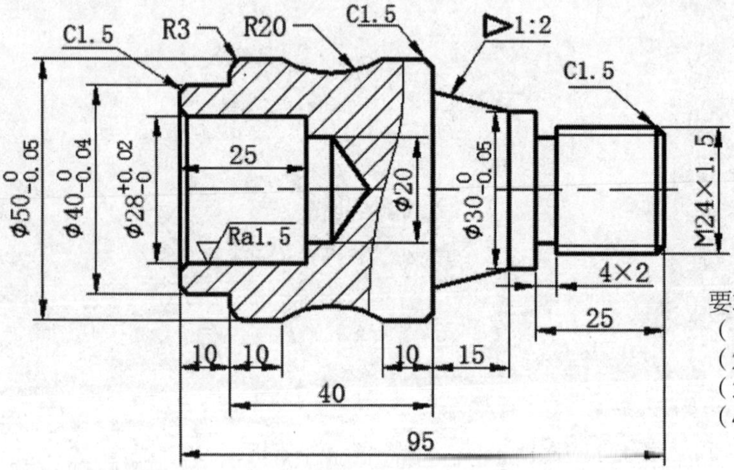

要求：
（1）未注公差按 IT12；
（2）未注倒角为 C1；
（3）轮廓光滑过渡，无缺陷；
（4）锐边去毛刺。

图15-1　数控车床中级工考证实例（1）

1. 工件分析

该工件上有台阶、凹圆槽、退刀槽、螺纹、内孔及倒角、圆角，内孔表面粗糙度值较高，其他位置的粗糙度要求一般，零件加工时可以用三爪卡盘装夹。

2. 编制数控加工工艺卡

在编写数控加工工艺卡时，首先确定该工序加工的工步内容，然后根据每个工步内容选择刀具，最后根据所选择的刀具类型、刀具材料、加工位置及工件材料确定切削用量。本例加工工艺卡见表 15-1。

表 15-1 数控车床中级工考证实例 1 加工工艺卡

零件名称		中级工考证实例 1	零件图号		15-1		
使用设备		CAK6136	夹具名称		三爪卡盘		
	序号	加工内容	刀具号	刀具规格	主轴转速	进给速度	备注
第一次装夹：夹右端，加工左端	1	中心钻钻孔	将中心钻装夹在车床尾座上，手动钻孔				工件伸出长度约 55mm
	2	钻 Φ10mm 底孔	将麻花钻装夹在车床尾座上，手动钻孔				
	3	钻 Φ20mm 底孔					
	4	粗镗 Φ28mm 内孔	T04	内孔镗刀	400	0.2	
	5	精镗 Φ28mm 内孔	T04	内孔镗刀	500	0.1	
	6	粗车左端外圆轮廓	T01	外圆车刀	500	0.2	
	7	精车左端外圆轮廓	T01	外圆车刀	800	0.1	
第二次装夹：夹左端，加工右端	1	粗车轮廓	T01	外圆车刀	500	0.2	在工件上包铜皮，并校正工件
	2	精车轮廓	T01	外圆车刀	500	0.1	
	3	切退刀槽	T02	切断刀	300	0.05	
	4	加工螺纹	T03	60° 外螺纹刀	200		
	5	工件表面去毛刺					
	6	用通止规检验螺纹					
编制		审核	批准		共 页		第 页

3. 参考程序

```
O0001;                        （程序名，加工工件左端部分）
N11  G40 G97 G99 S400 M03;    （程序初始化）
N12  G00 X200.0 Z200.0;       （在远离工件的位置换刀，防止撞刀）
N13  T0404;                   （换 4# 刀，选 4# 刀补）
N14  G00 X20.0Z2.0;           （快进到起始点）
N15  G90 X27.8Z-25.0F0.2;     （粗镗内孔）
N16  G00 X31.0;               （内孔倒斜角定位）
N17  G01 Z0.F0.1S500;         （设定精车转速和进给率）
N18  X28.1C1.5;               （孔口倒角）
```

```
N19  Z-25.0;                        （精镗孔）
N20  X18.0;
N21  G00 Z200;
N22  X100;
N23  T0101S500;                     （选 1# 刀）
N24  G00 X58.Z2.0;                  （下面开始粗车）
N25  G90 X51.0 Z-52.0F0.2;
N26  X45.Z-9.8;
N27  X41.0;
N28  G00 X28.;
N29  G01Z0F0.1S800;                 （下面开始精车）
N30  X39.98C1.5;
N31  Z-10.0;
N32  X49.98R3.0;
N33  Z-20.0;
N34  G02Z-40.0R20.0;
N35  G01 Z-52.0;
N36  G00 X55.0;
N37  Z100;
N38  M05;
N39  M30;

O0002;                              （程序名，加工工件右端部分）
N1  G40 G97 G99 S500 M03;           （程序初始化）
N2  G00 X200.0 Z200.0;              （在远离工件的位置换刀，防止撞刀）
N3  T0101;                          （换 1# 刀，选 1# 刀补）
N4  G00 X52.0Z2.0;                  （快进到起始点）
N5  G71 U3 R1;
N6  G71 P7 Q16 U0.4W0.2F0.2;
N7  G00 X0;
N8  G01 Z0 F0.05;
N9  X24.0C1.5;
```

```
N10  Z-24.0;
N11  X29.97;
N12  W-5.0;
N13  X37.5Z-45.0;
N14  X49.48C1.5
N15  W-11;
N16  X55;
N17  G70 P7Q16S800;
N18  G00 X100.Z100.;
N19  M03 S300 T0202;
N20  G00X32.;
N21  Z-25.;
N22  G01 X20.0 F0.05;
N23  G04 P2000;              （槽底暂停）
N24  G00 X100.;
N25  Z200.;
N26  T0303S200;
N27  G00X26.Z5.;             （加工螺纹的加速段要足够长）
N28  G92 X23.2 Z-17F1.5;
N29  X22.6;
N30  X22.2;
N31  X22.04;
N32  X22.04;
N33  X22.04;
N34  G00X100.Z200.;
N35  M05;
N36  M30;
```

4. 检测与评价标准，见表 15-2。

表 15-2　数控车床中级工考证实例 1 检测与评价表

序号	考核项目	考核内容及要求		评分标准	配分	检测结果	扣分	得分	备注
1	外轮廓		IT	超差 0.01 扣 0.5 分	6				
			IT	超差 0.01 扣 0.5 分	6				
			IT	超差 0.01 扣 0.5 分	6				
		R20	IT	超差 0.01 扣 0.5 分	5				
		95	IT	超差 0.01 扣 0.5 分	5				
		40	IT	超差 0.01 扣 0.5 分	5				
		10	IT	超差 0.01 扣 0.5 分	5				3 处
		25	IT	超差 0.01 扣 0.5 分	5				
		4 × 2	IT	超差 0.01 扣 0.5 分	5				
		Ra	IT	降一处扣 0.5 分	5				
		形状轮廓加工		完成形状轮廓加工	5				
2	内孔		IT	超差 0.01 扣 0.5 分	6				
		25	IT	超差 0.01 扣 0.5 分	5				
		Ra	IT	降一处扣 0.5 分	5				
		形状轮廓加工		完成形状轮廓得分	5				
3	螺纹	大径	IT	超差 0.01 扣 0.5 分	5				
		中径	IT	超差 0.01 扣 0.5 分	5				
		小径	IT	超差 0.01 扣 0.5 分	5				
4	倒角圆角	倒角圆角共 6 处		每缺 1 处扣 1 分	6				
5	安全文明生产	遵守机床安全操作规程					酌情减 1 ~ 5 分		
		刀具、工具、量具放置规范							
		工件加工完毕后，打扫机床卫生							
6	工艺合理	工件定位、刀具选择是否合理					酌情减 1 ~ 5 分		
		刀尖是否对齐工件中心							

续表

序号	考核项目	考核内容及要求	评分标准	配分	检测结果	扣分	得分	备注
7	程序编制	指令是否正确，程序是否完整				酌情减 1 ～ 5 分		
		数值计算是否正确，程序是否精简						
		刀具补偿功能指令是否正确运用						
		切削参数、坐标系选择是否正确						
8	其他项目	工件带有毛刺				酌情减 2 ～ 5 分		
		违反操作规程						
		工件表面出现装夹压痕						
		第二次装夹工件，未进行校对						

例 15-2：中级工考证实例（2），加工如图 15-2 所示的工件，要求分析加工步骤并编写数控车床加工程序。毛坯尺寸为 Φ55mm × 110mm。

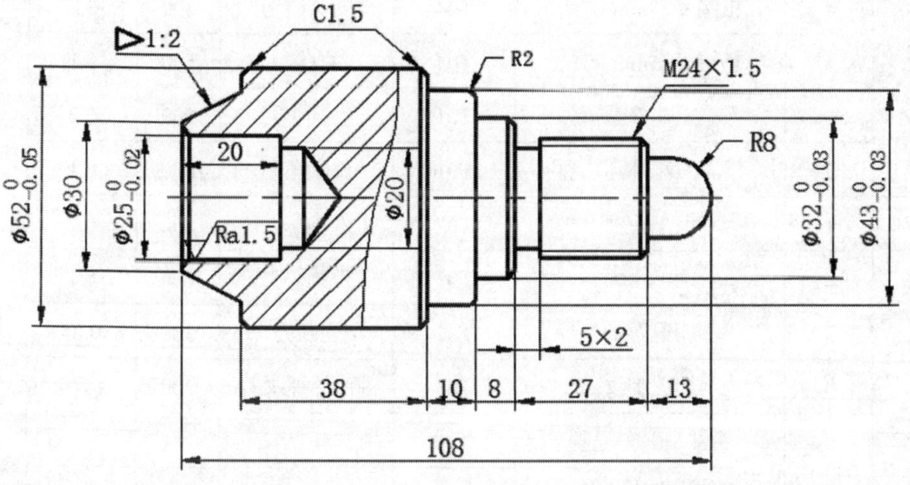

要求：

（1）未注公差按 IT12；

（2）未注倒角为 C1；

（3）轮廓光滑过渡，无缺陷；

（4）锐边去毛刺。

图15-2　数控车床中级工考证实例（2）

1. 工件分析

该工件上有台阶、斜面、退刀槽、螺纹、内孔及倒角、圆角，内孔表面粗糙度值较高，其他位置的粗糙度要求一般，零件加工时可以用三爪卡盘装夹。

2. 编制数控加工工艺卡

在编写数控加工工艺卡时，首先确定该工序加工的工步内容，然后根据每个工步内容选择刀具，最后根据所选择的刀具类型、刀具材料、加工位置及工件材料确定切削用量。本例加工工艺卡见表 15-3。

表 15-3　数控车床中级工考证实例 2 加工工艺卡

零件名称		中级工考证实例 2	零件图号		15-2		
使用设备		CAK6136	夹具名称		三爪卡盘		
	序号	加工内容	刀具号	刀具规格	主轴转速	进给速度	备注
第一次装夹：夹右端，加工左端	1	中心钻钻孔	将中心钻装夹在车床尾座上，手动钻孔				工件伸出长度约 55mm
	2	钻 Φ10mm 底孔	将麻花钻装夹在车床尾座上，手动钻孔				
	3	钻 Φ20mm 底孔					
	4	粗镗 Φ25mm 内孔	T04	内孔镗刀	400	0.2	
	5	精镗 Φ25mm 内孔	T04	内孔镗刀	500	0.1	
	6	粗车左端外圆轮廓	T01	外圆车刀	500	0.2	
	7	精车左端外圆轮廓	T01	外圆车刀	800	0.1	
第二次装夹：夹左端，加工右端	1	粗车轮廓	T01	外圆车刀	500	0.2	在工件上包铜皮，并校正工件
	2	精车轮廓	T01	外圆车刀	500	0.1	
	3	切退刀槽	T02	切断刀	300	0.05	
	4	加工螺纹	T03	60° 外螺纹刀	200		
	5	工件表面去毛刺					
	6	用通止规检验螺纹					
编制		审核	批准		共 页	第 页	

3. 参考程序

```
O0001;                          （程序名，加工工件左端部分）
N1  G40 G97 G99 S400 M03;       （程序初始化）
N2  G00 X200.0 Z200.0;          （在远离工件的位置换刀，防止撞刀）
N3  T0404;                      （换 4# 刀，选 4# 刀补）
```

```
N4  G00 X20.0Z2.0;            （快进到起始点）
N5  G90 X24.8Z-20.0F0.2;      （粗镗内孔）
N6  G00 X31.0;                （内孔倒斜角定位）
N7  G01 Z0.F0.1S500;          （设定精车转速和进给率）
N8  X24.98C1.5;               （孔口倒角）
N9  Z-20.0;                   （精镗孔）
N10  X18.0;
N11  G00 Z200;
N12  X100;
N13  T0101S500;               （选 1# 刀）
N14  G00 X54.Z2.0;            （下面开始粗车）
N15  G71U3R1;
N16  G71P17Q23U0.5W0.2F0.2;
N17  G00X0;
N18  G01 Z0.0F0.1;
N19  X30.0;
N20  X42.W-12;
N21  X52.0C1.5;
N22  W-40;
N23  G00X54.;
N24  G70P17Q23S800;
N25  G00 X100.0Z100.;
N26  M05;
N27  M30;

O0002;                        （程序名，加工工件右端部分）
N1  G40 G97 G99 S500 M03;     （程序初始化）
N2  G00 X200.0 Z200.0;        （在远离工件的位置换刀，防止撞刀）
N3  T0101;                    （换 1# 刀，选 1# 刀补）
N4  G00 X54.0Z2.0;            （快进到起始点）
N5  G71 U3 R1;
N6  G71 P7 Q16 U0.4W0.2F0.2;
```

```
N7   G00 X0；
N8   G01 Z0 F0.05；
N9   G03X16.0Z-8.0R8.0；
N10  G01Z-13.0；
N11  X24.0C1.5；
N12  W-27.0；
N13  X32C1.5；
N14  W-8.0；
N15  X43.0R2.0；
N16  W-10.0
N17  X49.0；
N18  X52.0W-1.5
N19  G70 P7Q18S800；
N20  G00 X100.Z100.；
N21  M03 S300 T0202；
N22  G00X32.；
N23  Z-40.；
N24  G01 X20.0 F0.05；
N25  G04 P2000；                （槽底暂停）
N26  G00 X100.；
N27  Z200.；
N28  T0303S200；
N29  G00X26.Z-8.；              （加工螺纹的加速段要足够长）
N30  G92 X23.2 Z-37.5F1.5；
N31  X22.6；
N32  X22.2；
N33  X22.04；
N34  X22.04；
N35  X22.04；
N36  G00X100.Z200.；
N37  M05；
N38  M30；
```

4. 检测与评价标准

检测与评价标准如表 15-4 所示。

表 15-4　数控车床中级工考证实例 2 检测与评价表

序号	考核项目	考核内容及要求		评分标准	配分	检测结果	扣分	得分	备注
1	外轮廓		IT	超差 0.01 扣 0.5 分	6				
			IT	超差 0.01 扣 0.5 分	6				
			IT	超差 0.01 扣 0.5 分	6				
		R8	IT	超差 0.01 扣 0.5 分	5				
		108	IT	超差 0.01 扣 0.5 分	5				
		38	IT	超差 0.01 扣 0.5 分	5				
		10	IT	超差 0.01 扣 0.5 分	5				
		27	IT	超差 0.01 扣 0.5 分	5				
		5 × 2	IT	超差 0.01 扣 0.5 分	5				
		Ra	IT	降一处扣 0.5 分	5				
		形状轮廓加工		完成形状轮廓加工	5				
2	内孔		IT	超差 0.01 扣 0.5 分	6				
		20	IT	超差 0.01 扣 0.5 分	5				
		Ra	IT	降一处扣 0.5 分	5				
		形状轮廓加工		完成形状轮廓得分	5				
3	螺纹	大径	IT	超差 0.01 扣 0.5 分	5				
		中径	IT	超差 0.01 扣 0.5 分	5				
		小径	IT	超差 0.01 扣 0.5 分	5				
4	倒角圆角	倒角圆角共 6 处		每缺 1 处扣 1 分	6				
5	安全文明生产	遵守机床安全操作规程					酌情减 1 ~ 5 分		
		刀具、工具、量具放置规范							
		工件加工完毕后，打扫机床卫生							

续表

序号	考核项目	考核内容及要求	评分标准	配分	检测结果	扣分	得分	备注
6	工艺合理	工件定位、刀具选择是否合理				酌情减1～5分		
		刀尖是否对齐工件中心						
7	程序编制	指令是否正确，程序是否完整				酌情减1～5分		
		数值计算是否正确，程序是否精简						
		刀具补偿功能指令是否正确运用						
		切削参数、坐标系选择是否正确						
8	其他项目	工件带有毛刺				酌情减2～5分		
		违反操作规程						
		工件表面出现装夹压痕						
		第二次装夹工件，未进行校对						

项目 16 数控车床高级考证实例

学习目标

- 了解国家职业技能鉴定标准中关于数控车床高级工的考证要求
- 以数控车床高级工考核的经典实例进行综合训练，达到数控车床高级工的水平
- 学习对数控车工件的加工工艺分析，通过对常见工件的编程，掌握数控车床常用指令的应用
- 提高数控车床的操作能力，训练对工件的检测方法

例 16-1：高级工考证实例（1），加工如图 16-1 及图 16-2 所示的工件，要求分析加工步骤并编写数控车床加工程序。

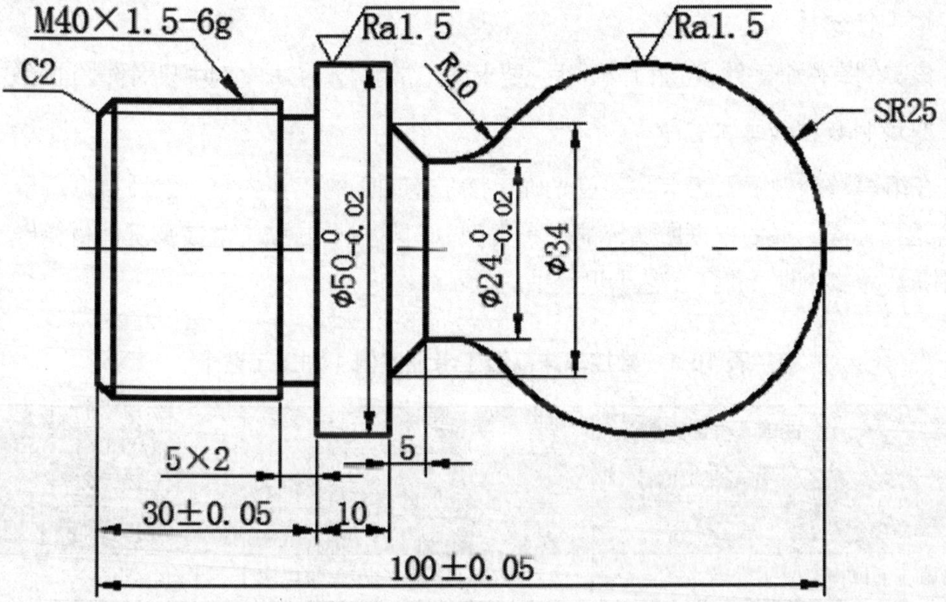

要求：
（1）未注公差按 IT12；
（2）未注倒角为 C1；
（3）轮廓光滑过渡，无缺陷；
（4）锐边去毛刺。

图16-1　工件1

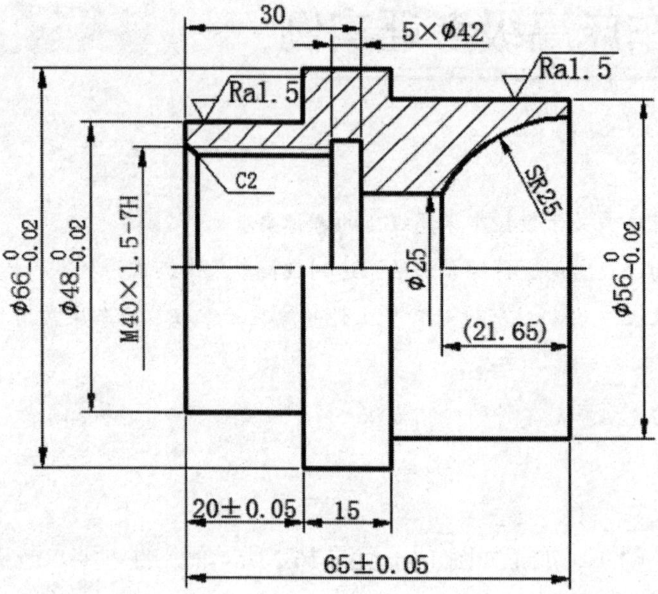

要求：
（1）未注公差按 IT12；
（2）未注倒角为 C1；
（3）轮廓光滑过渡，无缺陷；
（4）锐边去毛刺。

图16-2　工件2

1. 工件分析

该实例有两个工件，在加工完成后，要求能正常配合。在本实例中只对件2进行分析。

2. 编制数控加工工艺卡

在编写数控加工工艺卡时，首先确定该工序加工的工步内容，然后根据每个工步内容选择刀具，最后根据所选择的刀具类型、刀具材料、加工位置及工件材料确定切削用量。本实例件 2 加工工艺卡见表 16-1。

表 16-1　数控车床高级工考证实例 1 加工工艺卡

<table>
<tr><td colspan="2">零件名称</td><td>高级工考证实例 1</td><td colspan="2">零件图号</td><td colspan="3">16–2</td></tr>
<tr><td colspan="2">使用设备</td><td>CAK6136</td><td colspan="2">夹具名称</td><td colspan="3">三爪卡盘</td></tr>
<tr><td></td><td>序号</td><td>加工内容</td><td>刀具号</td><td>刀具规格</td><td>主轴转速</td><td>进给速度</td><td>备注</td></tr>
<tr><td rowspan="7">第一次装夹：夹左端，加工右端</td><td>1</td><td>中心钻钻孔</td><td colspan="4">将中心钻装夹在车床尾座上，手动钻孔</td><td rowspan="7">工件伸出长度约 55mm</td></tr>
<tr><td>2</td><td>钻 Φ10mm 底孔</td><td colspan="4" rowspan="2">将麻花钻装夹在车床尾座上，手动钻孔</td></tr>
<tr><td>3</td><td>钻 Φ20mm 底孔</td></tr>
<tr><td>4</td><td>粗车内圆</td><td>T04</td><td>内圆车刀</td><td>400</td><td>0.2</td></tr>
<tr><td>5</td><td>精车内圆</td><td>T04</td><td>内圆车刀</td><td>500</td><td>0.1</td></tr>
<tr><td>6</td><td>粗车左端外圆轮廓</td><td>T01</td><td>外圆车刀</td><td>500</td><td>0.2</td></tr>
<tr><td>7</td><td>精车左端外圆轮廓</td><td>T01</td><td>外圆车刀</td><td>800</td><td>0.1</td></tr>
</table>

续表

	序号	加工内容	刀具号	刀具规格	主轴转速	进给速度	备注
第二次装夹：夹右端，加工左端	1	粗车内圆	T04	内圆车刀	400	0.2	在工件上包铜皮，并校正工件
	2	精车内圆	T04	内圆车刀	500	0.1	
	3	切退刀槽	T02	切断刀	300	0.05	
	4	加工内螺纹	T03	60° 外螺纹刀	200		
	5	粗车轮廓	T01	外圆车刀	500	0.2	
	6	精车轮廓	T01	外圆车刀	500	0.1	
编制		审核		批准		共 页	第 页

3. 参考程序

```
O0001;                          （程序名，加工工件右端外轮廓）
N40  G40 G97 G99 S400 M03;      （程序初始化）
N41  G00 X200.0 Z200.0;         （在远离工件的位置换刀，防止撞刀）
N42  T0101;                     （换 1# 刀，选 1# 刀补）
N43  G00 X68. Z2.;              （加工右端外圆）
N44  G90X66.5Z-47.0F0.3;
N45  X60.0Z-29.5;
N46  X57.0;
N47  G00 X60.;
N48  G01 Z-30. F0.1;
N49  X66.0;
N50  Z-47.0;
N51  X200.;
N52  Z200.;
N53  M05;
N54  M30;

O0002;                          （程序名，加工工件右端内轮廓）
N1  G40 G97 G99 S400 M03;       （程序初始化）
N2  G00 X200.0 Z200.0;          （在远离工件的位置换刀，防止撞刀）
N3  T0404;                      （换 4# 刀，选 4# 刀补）
N4  G00 X19.0Z2.0;              （快进到起始点）
```

```
N5  G71 U1.5 R1.0;                  （加工右端内圆）
N6  G71 P7Q12U1W.05F0.3;
N7  G00X57.0;
N8  G1 Z0. F0.1;
N9  X50.;
N10  G03X25.0Z-21.65R25.0;
N11  G1Z-36.0;
N12  X19.0;
N13  M9;                            （冷却液停止）
N14  M5;                            （主轴停止，检查工件，修改刀补）
N15  M0;
N16  G70 P7Q12;
N17  G00 X200.0;
N18  Z100;
N19  M05;
N20  M30;

O0003;                              （程序名，加工工件左端外轮廓）
N37  G40 G97 G99 S500 M03;          （程序初始化）
N38  G00 X200.0 Z200.0;             （在远离工件的位置换刀，防止撞刀）
N39  T0101;                         （换 1# 刀，选 1# 刀补）
N40  G00 X52.0Z2.0;                 （快进到起始点）
N41  G71 U3 R1;
N42  G71 P7 Q9U0.4W0.2F0.2;
N43  G00 X48.0;
N44  G01 Z-20.0 F0.05;
N45  X67.0;
N46  G70 P7Q9S800;
N47  G00 X100.Z100.;
N48  M05;
N49  M30;
```

```
O0004;                              (程序名，加工工件右端内轮廓)
N1  G40 G97 G99 S400 M03;           (程序初始化)
N2  G00 X200.0 Z200.0;              (在远离工件的位置换刀，防止撞刀)
N3  T0404;                          (换 4# 刀，选 4# 刀补)
N4  M03 S300 T0202;
N5  G00X19.Z2.;
N6  G71 U3 R1;
N7  G71 P8 Q13U0.4W0.2F0.3;
N8  G00 X48.;
N9  G01 Z0.0F0.1;
N10  X37.0C2;
N11  Z-30.0;
N12  X19.0;
N13  G00 X100 Z100;
N14  M9;                            (冷却液停止)
N15  M5;                            (主轴停止，检查工件，修改刀补)
N16  M0;
N17  G70 P8 Q13;
N18  G00 X100.;
N19  Z200.;
N20  T0202S200;                     (换 2# 刀，加工退刀槽)
N21  G00 X36.0;
N22  Z-30.0;
N23  G01 X42.0 F0.05;
N24  G04 P2000;                     (槽底暂停)
N25  G00 X35.;
N26  Z200.;
N27  X100.;
N28  T0303;                         (换螺纹刀)
N29  G00X36.Z5.;                    (加工螺纹的加速段要足够长)
N30  G76P020060Q100R0.05;
N31  P76X40.Z-26.P975Q400F1.5;
```

```
N32  G00X100.Z200.;
N33  M05;
N34  M30;
```

4. 检测与评价标准

检测与评价标准如表 16-2 所示。

表 16-2　数控车床高级工考证实例 1 检测与评价表

序号	考核项目	考核内容及要求		评分标准	配分	检测结果	扣分	得分	备注
件 1	1	$\Phi50^{0}_{-0.02}$	IT	超差 0.01 扣 0.5 分	4				
	2	$\Phi24^{0}_{-0.02}$	IT	超差 0.01 扣 0.5 分	4				
	3	M40×1.5−6g	IT	超差 0.01 扣 0.5 分	4				
	4	SR25，R10	IT	超差 0.01 扣 0.5 分	4				
	5	100±0.05	IT	超差 0.01 扣 0.5 分	3				
	6	30±0.05	IT	超差 0.01 扣 0.5 分	3				
	7	10	IT	超差 0.01 扣 0.5 分	3				
	8	Ra	IT	降一处扣 0.5 分	3				
	9	形状轮廓加工		完成形状轮廓加工	3				
件 2	1	$\Phi66^{0}_{-0.02}$	IT	超差 0.01 扣 0.5 分	4				
	2	$\Phi48^{0}_{-0.02}$	IT	超差 0.01 扣 0.5 分	4				
	3	$\Phi56^{0}_{-0.02}$	IT	超差 0.01 扣 0.5 分	4				
	4	$\Phi25$	IT	超差 0.01 扣 0.5 分	4				
	5	M40×1.5−6g	IT	超差 0.01 扣 0.5 分	4				
	6	5×$\Phi42$	IT	超差 0.01 扣 0.5 分	3				
	7	65±0.05	IT	超差 0.01 扣 0.5 分	3				
	8	20±0.05	IT	超差 0.01 扣 0.5 分	3				
	9	SR25	IT	超差 0.01 扣 0.5 分	3				
	10	Ra	IT	降一处扣 0.5 分	3				
	11	形状轮廓加工		完成形状轮廓	3				
组合		圆弧配合			10	酌情减 1 ～ 5 分			
		螺纹配合			10	酌情减 1 ～ 5 分			

续表

序号	考核项目	考核内容及要求	评分标准	配分	检测结果	扣分	得分	备注
其他		工件按时完成		6	酌情减 1 ～ 5 分			
		工件有无缺陷		5	酌情减 1 ～ 5 分			
5	安全文明生产	遵守机床安全操作规程				酌情减 1 ～ 5 分		
		刀具、工具、量具放置规范						
		工件加工完毕后，打扫机床卫生						
6	工艺合理	工件定位、刀具选择是否合理				酌情减 1 ～ 5 分		
		刀尖是否对齐工件中心						
7	程序编制	指令是否正确，程序是否完整				酌情减 1 ～ 5 分		
		数值计算是否正确，程序是否精简						
		刀具补偿功能指令是否正确运用						
		切削参数、坐标系选择是否正确						
8	其他项目	工件带有毛刺				酌情减 2 ～ 5 分		
		违反操作规程						
		工件表面出现装夹压痕						

例 16-2：高级工考证实例（2），加工如图 16-3 及图 16-4 所示的工件，要求分析加工步骤并编写数控车床加工程序。

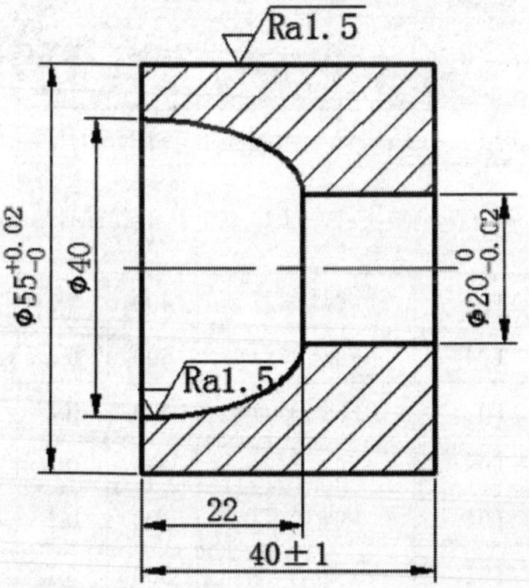

要求：
（1）未注公差按 IT12；
（2）未注倒角为 C1；
（3）轮廓光滑过渡，无缺陷；
（4）锐边去毛刺。

图16-3　I件1

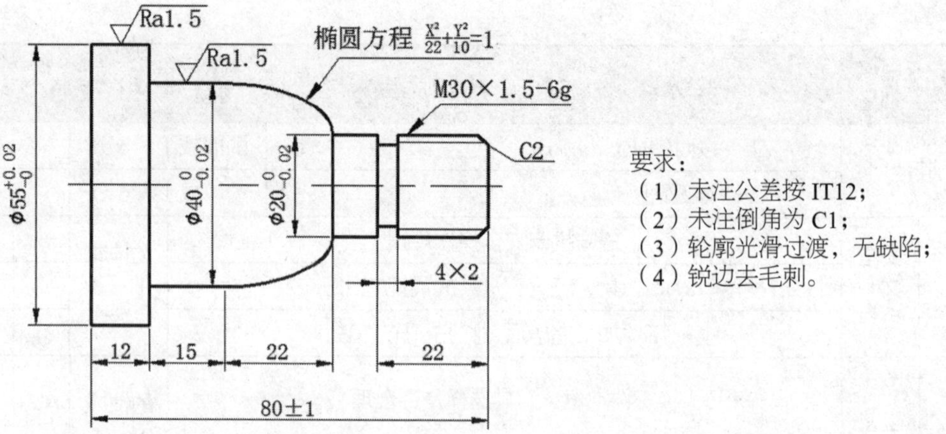

图16-4 I件2

1. 工件分析

该工件的轮廓为椭圆曲线，需用宏程序进行编程。

2. 编制数控加工工艺卡

在编写数控加工工艺卡时，首先确定该工序加工的工步内容，然后根据每个工步内容选择刀具，最后根据所选择的刀具类型、刀具材料、加工位置及工件材料确定切削用量。本实例件 1 和件 2 的加工工艺卡见表 16-3。

表 16-3 数控车床高级工考证实例 2 加工工艺卡

零件名称		高级工考证实例 2	零件图号			16-3、16-4	
使用设备		CAK6136	夹具名称			三爪卡盘	
	序号	加工内容	刀具号	刀具规格	主轴转速	进给速度	备注
加工件1	1	中心钻钻孔	将中心钻装夹在车床尾座上，手动钻孔				
	2	钻 Φ8mm 底孔	将麻花钻装夹在车床尾座上，手动钻孔				
	3	钻 Φ16mm 底孔					
	4	粗车内圆	T04	内圆车刀	400	0.2	
	5	精车内圆	T04	内圆车刀	500	0.1	
	6	精车外圆轮廓	T01	外圆车刀	500	0.2	
加工件2	1	粗车外轮廓	T04	内圆车刀	400	0.2	
	2	精车外轮廓	T04	内圆车刀	500	0.1	
	3	加工退刀槽	T02	切断车刀	500	0.1	
	4	加工螺纹	T03	螺纹车刀	200		
编制		审核	批准		共 页		第 页

3. 参考程序

```
O0002;                                  （程序名，加工工件右端外轮廓）
N1   G40 G97 G99 S400 M03;              （程序初始化）
N2   G00 X200.0 Z200.0;                 （在远离工件的位置换刀，防止撞刀）
N3   T0101;                             （换 1# 刀，选 1# 刀补）
N4   G00 X58.0Z2.0;                     （快进到起始点）
N5   G71 U1.5 R1.0;                     （加工右端内圆）
N6   G71 P7Q12U1W.05F0.3;
N7   G00X0.0;
N8   G1 Z0. F0.1;
N9   X30.0C2.0;
N10  Z-31.0;
N11  #1=22.0;                           （Z 赋初值）
N12  #2=10/22*SQRT[22*22-#1*#1];        （椭圆标准方程）
N13  #3=2*#2+20.;
N14  #4=#1-22-31;
N15  G01X[#3]Z[#4]F0.1;
N16  #1=#1-0.1;
N17  IF [#1GE0] GOTO N12;
N18  W-15.0;
N19  X56.0;
N20  M9;                （冷却液停止）
N21  M5;                （主轴停止，检查工件，修改刀补）
N22  M0;
N23  G70 P7Q19;
N24  G00 X200.0;
N25  Z100;
N26  T0202 S500;
N27  G00 X32.0;
N28  Z-22.0;
N29  G01 X26.0F0.1;
N30  G4 X3;
```

```
N31  G00 X100;
N32  Z100;
N33  T0303S200;
N34  G00 X32.Z5.;
N35  G76 P020060Q100R0.05;
N36  G76 X28.05Z-20.P975Q400F1.5;
N37  G00X100.0Z100.0;
N38  M05;
N39  M30;
```

4. 检测与评价标准

检测与评价标准见表 16-4。

表 16-4　数控车床高级工考证实例 2 检测与评价表

序号	考核项目	考核内容及要求		评分标准	配分	检测结果	扣分	得分	备注
件 1	1	$\Phi50_{0}^{+0.02}$	IT	超差 0.01 扣 0.5 分	4				
	2	$\Phi20_{-0.02}^{0}$	IT	超差 0.01 扣 0.5 分	4				
	3	40 ± 1	IT	超差 0.01 扣 0.5 分	4				
	4	Ra	IT	降一处扣 0.5 分	4				
	5	非圆曲线	IT	超差全扣	8				
	6	一般尺寸	IT	超差 0.01 扣 0.5 分	4				
件 2	1	$\Phi55_{0}^{+0.02}$	IT	超差 0.01 扣 0.5 分	4				
	2	$\Phi20_{-0.02}^{0}$	IT	超差 0.01 扣 0.5 分	4				
	3	$\Phi40_{-0.02}^{0}$	IT	超差 0.01 扣 0.5 分	4				
	4	M30 × 1.5−6g	IT	超差 0.01 扣 0.5 分	4				
	6	非圆曲线	IT	超差全扣	8				
	7	外圆槽 4 × 2	IT	超差 0.01 扣 0.5 分	4				
	8	80 ± 1	IT	超差 0.01 扣 0.5 分	4				
	9	一般尺寸	IT	超差 0.01 扣 0.5 分	4				
	10	Ra	IT	降一处扣 0.5 分	4				
组合		曲面配合			10	酌情减 1 ～ 5 分			
		螺纹配合			10	酌情减 1 ～ 5 分			

续表

序号	考核项目	考核内容及要求	评分标准	配分	检测结果	扣分	得分	备注
其他		工件按时完成		6	酌情减 1 ~ 5 分			
		工件有无缺陷		6	酌情减 1 ~ 5 分			
5	安全文明生产	遵守机床安全操作规程				酌情减 1 ~ 5 分		
		刀具、工具、量具放置规范						
		工件加工完毕后，打扫机床卫生						
6	工艺合理	工件定位、刀具选择是否合理				酌情减 1 ~ 5 分		
		刀尖是否对齐工件中心						
7	程序编制	指令是否正确，程序是否完整				酌情减 1 ~ 5 分		
		数值计算是否正确，程序是否精简						
		刀具补偿功能指令是否正确运用						
		切削参数、坐标系选择是否正确						
8	其他项目	工件带有毛刺				酌情减 2 ~ 5 分		
		违反操作规程						
		工件表面出现装夹压痕						

参 考 文 献

[1] 许云飞. FANUC系统数控铣床/加工中心编程与操作[M]. 北京: 电子工业出版社. 2010.

[2] 许云飞. FANUC 系统数控车床编程与加工[M]. 北京：电子工业出版社. 2017.

[3] 陈为, 麻庆华, 唐绍同. 数控铣床及加工中心编程与操作[M]. 北京：化学工业出版社. 2007.

[4] 廖卫献. 数控铣床及加工中心自动编程[M]. 北京：国防工业出版社. 2002.

[5] 陈海舟. 数控铣削加工宏程序应用实例（第2版）[M]. 北京：机械工业出版社. 2008.

[6] 翟瑞波. 数控铣床/加工中心编程与操作实例[M]. 北京：机械工业出版社. 2007.

[7] 韩志宏, 揭晓. 数控加工技术基础教程[M]. 北京：电子工业出版社. 2007

[8] 姜慧芳. 数控车削加工技术[M]. 北京：北京理工大学出版社.2006.